本书受国家自然科学基金青年科学基金项目(71801037)的资助

# 基于脑电技术的数字界面可用性评价方法研究

牛亚峰　著

U0380100

东南大学出版社
SOUTHEAST UNIVERSITY PRESS
·南京·

# 内容简介

本书分析了国内外数字界面可用性评估理论及研究现状,在总结了最新的设计科学、神经科学、认知心理学、认知神经科学的研究成果的基础上,运用界面认知理论分析、界面脑电实验研究和实例验证的方法,围绕数字界面信息的用户认知机制,对数字界面可用性的脑电生理定量评价方法进行了研究。本书提出的脑电实验评价方法为数字界面可用性评估提供了新思路和新方法,有助于设计师对数字界面进行评估、改良和优化,其研究成果为有效实现对数字界面的综合评价提供了重要技术手段和理论依据。

## 图书在版编目(CIP)数据

基于脑电技术的数字界面可用性评价方法研究/牛亚峰著. —南京:东南大学出版社,2019.8
ISBN 978-7-5641-8490-2

Ⅰ. ①基… Ⅱ. ①牛… Ⅲ. ①人机界面—研究
Ⅳ. ①TP11

中国版本图书馆 CIP 数据核字(2019)第 156784 号

基于脑电技术的数字界面可用性评价方法研究
Jiyu Naodian Jishu De Shuzi Jiemian Keyongxing Pingjia Fangfa Yanjiu

| | |
|---|---|
| 著　　者 | 牛亚峰 |
| 出版发行 | 东南大学出版社 |
| 社　　址 | 南京市四牌楼 2 号　　邮编:210096 |
| 出 版 人 | 江建中 |
| 责任编辑 | 姜晓乐(joy_supe@126.com) |
| 网　　址 | http://www.seupress.com |
| 经　　销 | 全国各地新华书店 |
| 印　　刷 | 江苏凤凰数码印务有限公司 |
| 开　　本 | 787 mm×1092 mm　1/16 |
| 印　　张 | 9.75 |
| 字　　数 | 225 千字 |
| 版　　次 | 2019 年 8 月第 1 版 |
| 印　　次 | 2019 年 8 月第 1 次印刷 |
| 书　　号 | ISBN 978-7-5641-8490-2 |
| 定　　价 | 49.00 元 |

本社图书若有印装质量问题,请直接与营销部联系。电话(传真):025-83791830

# 序　言

随着大数据时代的到来,作为复杂信息系统的重要组成部分,数字界面早已取代传统硬件界面,成为现代技术的重要特征之一。数字界面在军事、信息安全、地理交通等诸多重要领域发挥着非常重要的作用,是操作人员进行信息分析和处理的载体,是系统功能实现的重要组成部分。数字界面的可用性直接影响着人的工作绩效、正确率和系统整体性能水平。为了使信息系统能够高效可靠地运行,研究数字界面可用性评估方法和用户对数字界面信息认知的规律,是业界十分关注的热点问题。

信息系统数字界面的评价多年来一直是一个十分棘手的问题,国内外学者也开展过相关研究,并提出了相应的方法和模型,其中有主观评价方法、数学评价法(层次分析法、模糊评价法、灰度分析法)等,但评价的效果和可靠性不高。近年来,由于各种生理实验手段和技术的不断完善,尤其是随着"中国脑计划"的破土,催生了很多新的学科和研究方向,促进了神经科学与设计、人因、认知心理学等学科的交叉融合,为数字界面可用性评估提供了新的思路和手段。

东南大学神经设计学研究团队近年来在复杂信息系统数字界面认知脑机制领域开展了一系列研究,该学科团队是国内首个将生物交叉技术引入复杂信息系统人机交互数字界面设计的团队,在脑成像、生理指标、行为、认知、认知处理策略等设计机理方面做了大量前沿性研究工作,提出了相应的设计理论和评价方法。本书作者牛亚峰博士在我的研究团队中重点承担了数字界面认知脑机制的相关研究工作。自博士阶段以来,经过多年深入的研究工作,探索和提取了与数字界面可用性评估相关的 ERP 脑电成分和实验范式,提出了数字界面相关设计要素的 ERP脑电实验及评估方法,为数字界面的可用性评估提供了基于脑科学认知实验的新途径。

由于我国设计学领域中的神经科学研究起步较晚,尚缺乏运用脑电技术评估数字界面可用性的针对性指导书籍。《基于脑电技术的数字界面可用性评价方法研究》一书的问世,将为业界提供数字界面可用性评估的新思路和新方法。

本书是《复杂信息系统人机交互数字界面设计方法及应用》专著出版以来,又一本关于数字界面认知脑机制和工效学评价方面的专业书籍。该书为有效实现对数字界面的综合评价提供了重要技术手段和理论依据。希望对从事人机交互设计和研究的学者有所帮助,对神经设计学的研究具有启示作用。

应作者之邀,特作此序。

薛澄岐教授

东南大学工业设计系主任、博士生导师

产品设计与可靠性研究所所长

2019 年 5 月

于东南大学

# 前　　言

随着大数据时代的到来,作为信息化装备等复杂信息系统的重要组成部分,数字界面早已取代传统硬件界面,成为现代技术的重要特征之一。数字界面在军事、信息安全、地理交通等诸多重要领域发挥着非常重要的作用,是操作人员进行信息分析和处理的载体,是系统功能实现的重要组成部分。在相同的硬件水平下,数字界面的可用性直接影响着人的工作绩效、正确率以及反应速率,在很大程度上影响着系统的性能水平。为了更好地掌握整个系统,并使得系统性能能够高效可靠地发挥,研究数字界面可用性评估方法和用户对数字界面信息认知的规律,对数字界面的评估和优化显得尤为重要。

本书分析了国内外数字界面可用性评估理论及研究现状,在总结了最新的设计科学、神经科学、认知心理学、认知神经科学等领域研究成果的基础上,运用界面认知理论分析界面脑电实验研究和实例验证的方法,围绕数字界面信息的用户认知机制,对数字界面可用性的脑电生理定量评价方法展开研究,主要研究工作有:

(1) 从事件相关电位的技术基础、特点和离线分析角度出发,提出了事件相关电位技术在数字界面设计及评价中的应用,总结了与数字界面评估相关的 ERP 脑电成分和实验范式。

(2) 针对数字界面视觉元素,分析了数字界面元素的可用性与用户认知,研究了数字界面视觉元素用户认知与脑电成分的关系,并对图标、控件、色彩、布局和交互等界面元素进行了用户认知分析。

(3) 针对数字界面元素认知的 ERP 脑电实验,提出了数字界面可用性评估的 ERP 实验研究过程,分析了数字界面元素的解构、处理和搜集过程,在界面元素认知理论基础上,分别运用工作记忆实验范式、串行失匹配实验范式和 Go-Nogo 实验范式,对图标、导航栏和界面配色开展 ERP 实验研究,并归纳了实验结论对界面设计的指导意义。

(4) 在脑电实验基础上,提出了数字界面元素的脑电评价指标,并分别对数字界面元素及脑电信号进行了阈值分析,基于脑电阈值分析了界面设计推荐形式,首次提出了数字界面整体和局部的 ERP 脑电评估方法。

(5) 为证实脑电评估方法的有效性和可靠性,分别运用专家主观知识评价法、层次-灰度-集对分析数学方法和眼动追踪方法等数字界面可用性传统评价方法,对脑电评估方法进行了实例对比分析。

(6) 分析了事件相关电位在脑机交互中的作用,以及数字界面可用性脑电评估方法对脑机交互的参考作用和意义,在融入信号特征提取和分类技术后,开发了基于图标控制的数字界面脑机交互方法,最后讨论了界面其他元素脑机交互方法的实现。

本书提出的脑电实验评价方法为数字界面可用性评估提供了新思路和新方法,有助于设计师对数字界面进行评估、改良和优化,其研究成果为有效实现对数字界面的综合评价提供了重要技术手段和理论依据。

本书的成果大部分来自本人博士论文的研究工作,同时东南大学神经设计学研究团队的师生对本书的出版做出了巨大贡献。在此感谢恩师薛澄岐教授、李雪松副教授、王海燕副教授、周蕾博士、周小舟博士、吴闻宇博士、苗馨月硕士、潘龙玉硕士等师生。同时,书中部分内容援引专家、学者的论著,谨在此一并表示衷心的感谢。

由于时间紧,人力、水平和其他条件所限,书中难免有疏忽遗漏之处,敬请各位同仁、读者批评指正。

本书得到国家自然科学基金青年科学基金项目"面向眼控系统交互式界面元素的视觉表征与评价机制研究"(项目批准号:71801037)、航空科学基金"战斗机平显显示界面工效研究"(项目批准号:20165169017)、上海航天科学基金"地面应用显控系统界面设计与用户体验评估研究"(项目批准号:SAST2016010)、装备预研教育部联合基金项目"信息化武器装备人机交互数字界面设计脑机制研究"和中央高校基本科研业务费专项资金"基于脑机接口和眼控的作战指挥系统智能交互研究"(项目批准号:2242019k1G023)等项目的资助出版。

牛亚峰

2019 年 5 月

于南京

# 目　　录

# 第1章 概　　述

## 1.1　研究背景

随着大数据时代的到来,作为复杂系统信息显示的重要组成部分,数字界面早已取代传统硬件界面,成为现代技术的重要特征之一。数字界面信息结构也呈现出不规则、模糊性的新特征,并表现出"时间空间复杂度""海量呈现"和"高维数据"等外在特性。如何实现对大数据环境下数字界面的信息分层、快速过滤并高效决策,使用户建立快速信息感知和高效信息交互,是大数据平台下数字界面可用性研究的关键问题。

数字界面在军事、信息安全、地理交通等诸多重要领域发挥着非常重要的作用。在军事领域,随着新军事革命时代的到来,现代战争作战效能的发挥要建立在能量流(动力系统)、信息流(信息系统)和物质流(武器装备)的有机结合之上。在信息化条件下,战场情况变化急剧,战机稍纵即逝,军事人员要及时关注战场态势并做出决策,单靠"人脑"显然难以完成,必须借助于以计算机技术为主的数字界面信息系统。在信息安全领域,数字界面已成为数据显示的主要载体,数字界面信息显示的有效性和可靠性,直接关系到网络安全、硬件安全、数据安全和系统安全。在地理交通领域,随着地理科学、计算机技术、遥感技术和信息科学的发展,地理信息系统(GIS, Geographic Information System)将对计算机硬件、软件、地理数据以及操作人员等信息进行高效获取、存储、更新、操作、分析及显示,信息终端即为数字界面。

系统整体综合效能的最佳发挥,不仅取决于硬件的高配置,更依赖于软件中信息的高效传递和人机交互效率。数字界面是操作人员进行信息分析和处理的载体,是系统功能实现的重要组成部分。复杂系统信息来源渠道多,信息量大,结构关系错综复杂。操作人员通过数字界面对复杂系统信息进行有效操作、判断和决策,具有很现实的意义。

数字界面的信息显示或人机交互一旦出现错误,将会酿成重大事故。纵观50年来国内外军事事故和核泄漏事故,由于信息显示和人机交互因素所造成的占绝大多数,远高于设备故障引起的事故数,信息显示和人机交互因素已成为导致航母事故和核泄漏事故的主要原因。例如,1967年美国"福莱斯特"号航母事故,是由系统设计缺陷,违规操作和军事人员的损管训练不足导致的;1969年美国核动力航母"企业"号飞行甲板发生火灾并引爆9枚炸弹,事故原因是信息系统过于复杂导致军事人员感知失误而引起误爆;1986年的苏联切尔诺贝利事故也是由于军事人员对系统的错误认知和决策,从而导致爆炸并造成大量辐射物泄露;2011年日本福岛核电站事故也提到了信息监控系统的人为操作和判断失误是造成事故的重要原因之一。可见,在复杂系统的使用中,数字界面的信息显示和人机交互研究将成为降低核事故发生率、提高操作绩效的重要研究课题。

数字界面的人机交互是一种双向的信息交换,如何保证操作人员在较短的时间内,对系统状态做出准确的判断并实施精准操作是数字界面设计的核心问题。从某种意义上来说,在相同的硬件水平下,数字界面的可用性直接影响着人的工作绩效、准确率以及反应速度,在很大程度上影响系统性能水平。

复杂系统的各方面信息都汇集于数字界面上,一方面,由于信息"大数据化"以及操作活动中认知复杂性等因素,使得系统全面地解决复杂系统数字界面的人机交互问题变得十分困难。另一方面,在工作过程中,由于操作人员认知负荷以及环境变化所带来的情景意识问题,都将成为数字界面信息显示的难点和瓶颈。

数字界面可用性评估可帮助设计师改良设计,并成为数字界面设计流程中的关键环节。评估方法的有效性、合理性和可靠性决定了后期改进和设计迭代的效果,选择合适的评估方法可促成设计方案的完善和优化。界面可用性评估方法包括主观评估法、绩效评估法、数学模型评估法、综合理论评估法和生理实验评估法。前四种方法为传统评估方法,实际应用较为成熟和完善,但受主观因素影响较大,具有客观性不足和稳定性较差的特点,而生理实验评估法更加科学、客观和稳定,可实现用户实时生理数据的定量反应,通过眼动追踪技术和脑电技术,获取被试者对界面信息的视觉认知策略和神经生理指标,从外源物理刺激到内源心理反应相互验证,全面揭示用户对数字界面的认知规律。因此,综合各种评估方法,能够弥补各自的不足,发现界面中的缺陷,指导和改进数字界面的设计。

数字界面包括图标、导航栏、色彩、布局、控件和交互等元素,使用通道包括视觉、听觉和触觉等通道,研究用户对数字界面信息认知的生理规律,可为数字界面信息编码、信息结构设计、交互方式提供设计依据和生理参考指标,进一步从人因角度指导和完善数字界面设计。因此,研究数字界面可用性评估方法和数字界面的认知规律,可帮助用户更好地掌握整个系统,并使系统能够高效可靠地运行。

## 1.2 国内外研究现状

研究数字界面可用性评估,首先必须对数字界面的元素设计和可用性评估进行研究,国内外学者做了大量的研究工作,从数字界面的构成要素到交互方式均有较为广泛的涉猎。其中 S. M. Huang 等[1]总结了影响计算机图标设计的 8 个因素:样本化质量、信息质量、意义性、可定位性、隐喻、可理解性、可识别性和风格特征等,并分析了各因素的重要性权重;周蕾等[2]运用美度计算方法对数字界面元素布局进行了评估和分析;李晶等[3]运用均衡时间压力方法对人机界面信息进行了编码和设计;李亮之[4]提出"色彩工效学"概念,尝试解决人机界面设计中的色彩问题;T. Nin 等[5]对两种手势选择的图形菜单界面做了设计和评估,为手势交互的评价提供了依据;H. Gürkök 等[6]对多选手游戏中用户的情感体验和交互方式做了评估;N. Anuar 等[7]针对核能发电厂自适应人机系统操作界面提出了一种设计需求方法,为复杂系统界面的评估提供了借鉴;N. Knerr 等[8]提出了一种 Cityplot 新技术,实现了对低维和高维设计空间的信息可视化的同步,并提出了多重相关设计准则;Zhong 等[9]通过事件相关电位实验,探讨和验证了色彩命名对色彩感知的作用,其中对不同色彩的命名形式将会对色彩感知产生抽象语义层面的影响;吴晓莉等[10]通过归纳复杂系统中的用户出错类型,从出错类型到认知的信息加工过程进行映射,建立了复杂系统人机交互界面的 E-C 映射模型;R. Paiano 等[11]基于交互式对话模型方法及富互联网应用系统原型发生器,开发了一款面向用户体验工程的模型驱动架构,用以规范化编码设计;S. C. Peres 等[12]为解决上肢累积性创伤障碍用户在使用软件时经常性拖动和单击图标的交互问题,开发了一款自我报告工效学评估工具,用于评估和规避软件交互设计中的风险。

在数字界面可用性的数学评价方法研究中,G. Castellano 等[13]利用空间通信和模糊神经算法开发了一种基于位置的多主体系统,用于检测相关移动装置的位置变化,为态势系统的交互方式提供更多的可能性和技术支撑;程时伟等[14]为了完善人机界面自适应机制,提高交互系统可用性,提出了一种基于粗糙集的自适应规则推理方法;余昆[15]应用模糊分析对舰控中心机舱监控显示信息人机界面进行了综合评价;H. C. Lee 等[16]使用贝叶斯网络构建了基于注意力、记忆和心理模型的核电厂显控界面态势感知的计算模型;夏春艳[17]对核电厂主控室人机界面的定量评价方法进行研究,应用层析分析法指导人机界面的改进设计;金涛等[18]利用粗糙集灰色分析解决复杂系统界面可用性评估中的模糊问题,建立界面可用性评估模型,并用脑电实验进行了验证;A. Richei 等[19]从人误率的角度评估和优化核电站控制系统的人机界面;郭北苑等[20]运用模糊因素对车载显示屏进行了人机工效评价。

在数字界面可用性的主观评价法研究中,Y. T. Jou 等[21]通过主任务完成时间、次任务工作绩效、心率测量和主观评价四项测试数据分析了特定任务下,不同自动化级别核电厂显控界面的认知负荷和作业绩效,提出了在人-系统界面自动化设计中应慎重考虑任务属性并合理选择自动化级别;颜声远等[22]提出了基于灰色系统理论的主观评价法,对人机界面可用性进行了衡量和改进;王宗波[23]运用 GOMS 模型选取专家用户对飞机航电系统的数字界面进行了可用性评估研究;周蕾等[24]在对插箱界面进行用户感性调查问卷测试后,建立和提出了产品信息界面的用户感性预测模型;陈刚等[25]基于用户对界面的评价指标,构建了一个实用化的界面评价系统;周前祥等[26]将模糊集合理论应用于载人航天器乘员舱内人-机界面可用性评价中;K. W. M. Siu 等[27]从色彩联想和色彩工效学出发,对儿童安全标识的颜色设计进行了研究,发现儿童对颜色的认知和使用不同于 ISO 注册标志,建议实际设计时要区别对待。

在数字界面可用性的客观评价方法研究中,眼动追踪技术和脑电技术成为国内外研究的热点和焦点。在数字界面的眼动追踪技术评估研究中,K. Ooms 等[28]利用视觉分析工具包,突破传统的眼动数据分析方法,创新性地提出了眼动数据的空间度量分析法,总结出用户在地图中搜索信息时的搜索策略;C. Ahlstrom 等[29]利用眼动追踪技术测试司机在开车时的瞌睡程度,从界面设计上改良报警器;刘青等[30]针对德国汉堡城市轻轨 U4 线站台界面的新旧界面,运用眼动追踪技术对新旧界面进行了可用性检测和评估;王海燕等[31]运用眼动追踪技术对战斗机显示界面布局进行了实验评估;H. F. Ho[32]通过眼动分析,以用户对购物网站界面中手提包视觉注意力为案例进行研究,总结了如何控制界面中视觉焦点以及如何调整界面元素引起用户的视觉注意。在数字界面可用性的脑电生理评估研究中，B. Abibullaev 等[33]针对不同的界面视觉观察任务，将大脑血流动力学信号进行归类，实现设计分类方法与脑电技术的结合；L. S. Sergei 等[34]对脑机接口中事件相关电位(ERP, Event Related Potentials)P300 成分进行了研究；Y. Y. Yeh 等[35]研究探讨了图标目标/背景的色彩组合和呈现时间对可识别性的影响，以及图标呈现在视觉显示终端(VDT)上的 EEG 脑电反应；宫勇等[36]运用事件相关电位脑电技术，考察形象图标和抽象图标在语义匹配和语义不匹配条件下的认知加工过程，研究发现图标具体性对图标理解有显著影响；M. Schreudera 等[37]利用事件相关电位实验，对以用户为中心的一个脑机界面设计案例进行了研究和分析；V. Socha 等[38]通过测量心率以及频谱分析法衡量与分析飞行员的心理与体能压力，研究发现通过提升飞机驾驶舱的人机性能，有助于改善飞行员心理-生理状况，提高飞行任务的安全性能；T. Ikeda 等[39]通过功能性磁共振方法，对比用户在评价不同协调度的色彩搭配方案过程中脑区激活分布，结果表明，协调的配色效果是由左内侧皮质前额皮层控制，而协调度较差的配色效果则与左杏仁核激活效果有关；M. Grol 等[40]运用 fMRI 技术对积极性图片和中性图片记忆的大脑图像进行了研究，对比分析了视野透视角度与观察者视角的脑区差异；J. Kim 等[41]通过对比不同屏幕尺寸移动设备的眼动搜索绩效和行为实验，提出了移动设备搜索结果显示的设计策略和意见，以及凝视时间和搜索速度的关系。

在数字界面信息交互控制研究领域，H. Y. Wei 等[42]提出了基于时间的数据-用户-任务的设计三角模型，并利用数据分析构建出可视化高层次框架，使得设计流程变得更加简单高效；南建设等[43]根据未来多军兵种一体化联合作战的需要，针对未来信息化战争呈现的多维作战空间联合信息感知、多种信息获取手段协同使用、多种情报信息产品融合的特点，研究构建以多维空间、多种手段、多类情报为一体的战场联合信息感知系统；R. Pereira 等[44]通过与云计算平台的结合实现了某一个视频推荐系统的实时呈现；J. M. Hevmida 等[45]提出了一种新的文本专用语言 XANUI，该语言可嵌入基于 XML 的用户界面，并可绑定已有数据结构的可视化组件，定义基于事件要素的交互行为；J. Morey 等[46]设计了一种交互式可视化方法，用以挖掘用户的眼动追踪数据，主要运用凝视控制技术和水平眼动指标；王宁等[47]为了有效提高人机界面的设计质量和交互效率，将视觉注意的计算方法引入界面的交互设计过程中，提出了一种考虑用户视觉注意机制的交互方法；J. Lee 等[48]基于数字界面的视野范围、反馈系统、多维信息传输和背景色，研究了移动 VR 环境下基于视线指针的用户交互模式，并从用户兴趣区、沉浸感和交互便利性方面进行了分析，为多通道交互提供了参考。

在数字界面的交互方式领域中，基于眼动跟踪、ERP 等技术的全新交互技术已经展开。A. Sanna 等[49]提出基于自然用户界面(HUIs)和视觉计算技术控制移动终端，这种方式更加直观，并且易于被用户接受，同时运用视觉测距算法，用户可以通过手势和姿态进行复杂的控制操作；V. I. Pavlovic 等[50]提出基于手势识别的人机交互将是未来主流的界面交互方式，文中认为关键在于如何准确获取手势的外观数据和构建精确的计算模型，以达到 HCI 的实时要求；S. Hong 等[51]采用模块化系统的方法，研究多人环境下的手势识别，采用提取点卡尔曼滤波跟踪和列队匹配识别法进行手势识别，经过实验验证明显提高了在多人环境下的手势识别率；于亮等[52]运用人-机-环境系统工程理论的思想和方法，对武器装备的人机界面进行了分析；王仁春等[53]对武器装备系统仿真的可信度的概念进行了研究，拓展了仿真可信度的概念，并在此概念的基础上提出了仿真可信度的相应方法。

国内外各领域数字界面的应用愈发广泛，前景愈显广阔，欲从根源上避免和解决设计所造成的认知偏差，需要深入研究人类视觉信息认知加工的内在规律，寻求"设计—认知"要素之间的映射平衡机制。大脑作为信息认知加工过程中的中枢单元，是进行数字界面信息认知研究的根基。从信息认知的脑机制出发，以更贴近人类认知本源属性的视角开展视觉设计的信息认知研究，是数字界面信息设计和认知的突破之匙。但目前国内对数字界面认知和可用性评估的脑电实验研究比较少见。在军事作战领域，现代武器装备效能的高效发挥建立在能量流（动力系统）、信息流（信息系统）和物质流（武器装备）的有机结合之上，武器装备信息系统中军事人员对界面的信息认知成为急需研究和解决的问题之一。2013 年，科技部"核动力船舶关键技术及安全研究"863 项目正式立项，核动力信息系统数字界面设计和认知成为重要研究课题之一。脑机交互也成为未来数字界面交互的重要方式，从数字界面角度出发，对脑机交互方式进行研究将成为一个新的研究方向。因此，开展数字界面可用性的脑电生理评价方法及脑机交互方法研究，具有很大的理论价值和应用价值。

神经科学对数字界面的研究过程中，ERP 相关脑电成分的潜伏期和波幅，会随着数字界面的操作任务复杂度和元素（色彩、图标、导航栏等）的视觉效果差异，产生比较大的变化，然而因为实验设计的复杂性和难度，目前从数字界面可用性角度进行的 ERP 研究还非常少。本书将神经科学中的事件相关电位技术引入人机交互数字界面领域中，实现神经学科和设计学科的融合和交叉，该研究思路可促进学科间的进步和发展，极具应用价值和意义。

在神经科学与认知科学同步发展下，认知神经科学于 20 世纪 70 年代应运而生，它主要研究人类的各种认知过程，如知觉、注意、记忆、决策、情绪等。随着认知神经科学的发展和脑功能成像技术的日益成熟，该学科在医学、心理学、教育学、人机工效学、社会科学、经济学和管理学等领域也取得了重要进展，产生了各种交叉学科，一个利用脑神经活动解读科学的时代已经到来。近年来，国内外学者逐步在工业设计和人因工程等领域进行创新性的尝试，取得了一些实验数据和研究成果，但尚未引起广泛的关注，该领域深层次的挖掘将对设计科学和人类认知产生深远的影响，一个崭新的交叉学科即将诞生——神经设计学。

## 1.3　课题研究内容

本书基于事件相关电位技术研究数字界面可用性评价方法，研究成果可为数字界面可用性脑电评估的实验设计、实验范式选择提供试验手段，可揭示数字界面要素认知和脑电成分的时空对应关系，为后期数字界面设计方法提供科学指导，并可提高数字界面的有效性、易学习性、高效性、易记性、少错性和用户满意度，实现增强数字界面的信息传达能力和提高操作人员工作绩效的目的，为航电、核电等复杂信息系统数字界面的可用性脑电生理评估提供重要参考价值。

本课题的主要研究内容为：

（1）脑电技术及其在数字界面中的相关研究

通过对比分析各脑功能成像技术的优劣,确定事件相关电位技术作为本书的实验手段,随后介绍事件相关电位的特点与离线分析,并针对 ERP 在数字界面中的具体应用,提出了数字界面可用性评估中的脑电成分和实验范式。

（2）数字界面信息元素的用户认知

分析用户对数字界面图标、控件、色彩、布局、交互等视觉信息元素的认知规律,为数字界面的事件相关电位脑电实验评价方法研究提供实验材料和依据,该部分研究内容可为数字界面的事件相关电位脑电实验评价方法中实验范式选择和实验设计提供参考。

（3）数字界面元素可用性的脑电实验研究

基于事件相关电位技术,选取相应实验范式,对数字界面中图标记忆、导航栏选择性注意、界面色彩进行脑电实验研究,确定数字界面元素和脑电成分、脑区分布、脑区激活度的对应关系,并提出了对界面设计的指导性建议,为数字界面可用性的脑电评价方法的提出奠定实验基础。

（4）数字界面可用性的脑电生理评价方法研究

根据数字界面的用户认知机制、脑电实验结论和前人研究基础,总结了数字界面元素的脑电评价指标,计算出了数字界面元素及脑电信号的阈值,基于脑电阈值分析了界面设计推荐形式,提出了数字界面的整体和局部 ERP 评估方法。

（5）传统方法与脑电方法的实例分析与对比

结合专家主观知识法、层次分析法、灰度关联分析法、集对分析法和眼动追踪法等评估方法,对界面图形框架、某款数字界面和战斗机子功能界面进行实例验证和分析,证明脑电评估数字界面的可行性和有效性。

（6）数字界面可用性脑电评价方法在脑机交互中的探索

介绍了脑机交互的具体概念,分析了事件相关电位在脑机交互中的作用,提出了脑电评估方法在界面设计和评估、脑机交互中的应用,对局部评估方法在脑机交互中的具体应用进行详细论述,综合事件相关电位脑电实验思路,在融入信号特征提取和分类技术后,提出了图标控制的数字界面脑机交互方法,最后讨论了界面其他元素脑机交互方法的实现。

本课题在以下几个方面取得了创新性成果:

（1）获取了数字界面视觉元素的用户认知规律;

（2）获取了数字界面认知过程中的脑电生理数据,建立了数字界面元素认知和脑电成分的对应关系;

（3）提出了数字界面可用性的脑电生理评估方法;

（4）提出了基于图标控制的数字界面脑机交互方法。

本课题工作的难点和拟解决的关键技术有:

（1）集对分析法、层次分析法和灰度关联分析等数学模型的构建;

（2）数字界面的脑电生理评估方法的构建;

（3）数字界面元素认知 ERP 实验、传统方法与脑电方法的实例对比分析、脑电成分 N100、P200、P300、N400 等关键性技术和指标的实现。

## 1.4 本书撰写安排

本书撰写共分8个章节进行,具体如下:

第1章(概述):对课题的研究背景进行阐述,对国内外的研究现状做简要概述,提出本书研究的内容以及拟取得的突破。

第2章(脑电技术及其在数字界面中的相关研究):对比分析了各脑功能成像技术的优劣,阐述了事件相关电位的技术基础、特点和离线分析,并针对事件相关电位技术在数字界面中的应用,总结了与数字界面评估相关的ERP脑电成分和实验范式。

第3章(数字界面视觉元素的用户认知):论述了数字界面视觉元素的构成,分析了数字界面可用性与用户认知,总结了数字界面视觉元素用户认知分析与脑电实验的关系,并对图标的语义传递、理解和记忆,控件的视觉信息认知、信息交互和导航栏选择性注意,色彩的风格、编码方式、搭配和语义,布局的结构形式、元素位置和视觉认知流程,外接设备、多点触控和跨通道交互方式等元素进行了用户的认知分析,为脑电实验中实验范式的选取提供了理论基础和科学依据。

第4章(数字界面元素认知的ERP脑电实验):对数字界面的ERP实验过程进行了研究,并对数字界面元素的解构、处理和搜集过程进行了分析,基于此运用事件相关电位技术对图标记忆、导航栏选择性注意、界面配色进行了一系列脑电实验,获取了用户对数字元素认知的神经生理学证据和相关脑电指标,并对界面设计提出了指导性建议。

第5章(数字界面可用性的脑电实验评价方法):对数字界面元素的脑电评价指标、界面元素阈值、脑电阈值进行了分析,基于脑电阈值分析了界面设计的推荐形式,提出了数字界面可用性的整体和局部ERP评估方法。

第6章(传统评价方法与脑电评价方法的实例对比分析):分别运用专家主观知识法、数学方法、眼动追踪方法,对界面图形框架、某款数字界面和战斗机子功能界面视听通道成功地进行了可用性评估,三个实例研究结果均证实脑电实验方法的有效性和可行性,证明脑电方法可顺利完成界面可用性评估。

第7章(数字界面可用性脑电评价方法在脑机交互中的探索):对脑机交互技术进行了简要介绍,随后提出了脑电评估方法在界面设计和评估、脑机交互中的应用,最后对局部评估方法在脑机交互中的具体应用进行详细论述,开发了基于图标控制的脑机交互方法,讨论了界面其他元素脑机交互方法的实现。

第8章(总结与展望):给出下一步的研究方向和可能的突破点。

# 第 2 章　脑电技术及其在数字界面中的相关研究

## 2.1　引言

随着认知神经科学和无损脑科学的发展,脑成像技术被广泛地应用于设计学与认知心理学研究中。脑成像技术的应用,使得我们可以"看到活体脑的内部",为用户心理活动与特定脑区之间的对应关系提供了重要的研究技术手段。

欲从脑电信号出发研究数字界面可用性评价方法,需了解脑电信号的产生,以及脑功能成像技术基础,通过对比各种脑电技术手段的优劣,选取符合本课题研究主旨和目的的技术手段——事件相关电位技术;同时在神经科学和设计科学跨学科交叉研究前提下,还需分析 ERP 技术在数字界面中的应用,以及数字界面可用性评估中的脑电范式和脑电成分。

## 2.2　国内外研究综述

国内外学者针对数字界面及其脑电技术的相关研究,主要集中于数字界面的软件平台和评价体系、多通道信息融合、信息处理交互控制和非触控交互方式等领域。

在数字界面软件平台和评价体系等领域,A. I. Wasserman 等[54]指出,在软件平台的开发过程中有 8 个关键点,分别是抽象、分析和设计方法以及表示法、用户界面原型化、软件体系结构、软件过程、复用、测度以及集成环境;M. Shaw 等[55]研究认为,系统的整体结构不仅对实现和测试的方便性很重要,而且对维护和修改系统的速度和有效性也很重要;M. Shaw[56]认为软件系统设计是一个迭代的过程,设计师在该过程的活动中往返迭代,不断加深对需求的理解,提出可能的解决方案;A. Puerta 等[57]介绍了一种界面设计的工具,该基于模型的软件工具能够辅助设计人员和工程人员创作原始的网页、系统桌面或者移动应用程序。这个软件工具在超过 20 个现实的界面设计项目中得到运用。D. R. Olsen Jr 等[58]总结了用户界面设计工具这一研究领域的研究现状并探讨了该领域未来的发展方向。

在多通道信息融合和人机交互领域,路璐等[59]以触觉相关的多通道交互研究为立足点,结合经典的多通道假设和最新的认知理论,提出了一种融合触觉、听觉、视觉的多通道信息认知加工模型,并就计算机端的信息处理过程提出了多通道交互的分层处理模型,分析了相应的多通道整合方法;M. S. Hussain 等[60]利用多模态融合的方式来提高检测精度,从面部特征、生理和情感因素来自动检测用户在活动干涉下的认知负荷;A. Pooresmaeili 等[61]

通过感觉刺激灵敏度的改变来研究跨模态信号处理的相互作用;M. Glodek 等[62]评估了视觉、触觉双通道刺激的一致性和注意力问题,得出信息的集成取决于自上而下和自下而上的因素相互关联,并非依照全有或者全无的方式存在;吴嘉慧[63]研究了在普适计算框架下的智能空间中,综合利用各种硬件、算法和技术来优化人与电子设备之间的显式交互。

在信息处理交互控制领域,B. A. Kent 等[64]基于多向 EMG 肌电信号的面部识别,提出了一种运用自适应协同控制器的机械手,基于这种技术该机械手可以自由地拧开螺丝;K. Yaici 等[65]基于模型方法,对可便携式设备的自适应人机界面进行了研究,提出了可以根据使用场景不同调整参数的中间程序,建立了一个可以描述人机交互差异的结构法;S. Asteriadis 等[66]基于自然多通道交互的分析,对自适应和个性化界面进行了研究,对视觉和情感模式下的表现特征进行了探索;D. Mulfari 等[67]对云计算中运用虚拟化和虚拟网络计算的方法进行研究,通过辅助技术工具为残障人士设计了自适应的用户界面;P. Parsons 等[68]介绍了交互式视觉呈现的 10 个属性(包括重要性、关系、交互的可调性等),并通过调整这些属性值,详细介绍了这些属性值是如何影响人的认知加工和视觉推理,从而证明其价值和必要性,建立了一个理论框架,有助于理解视觉呈现方式与复杂认知活动的交互性。

在界面非触控交互研究领域中,基于眼动跟踪、ERP 等技术的全新交互技术已经展开,B. Hyung Kim 等[69]提出了基于眼动跟踪、脑电混合接口的可穿戴式控制界面,用于控制虚拟环境中的飞行器,用户可以使用它完成一定的复杂任务;D. McMullen 等[70]提出了一种 HARMONIE 系统,结合眼动跟踪和脑电波混合控制,以提高用户对机器人假肢的控制能力,使精度大大提高;K. LaFleur 等[71]认为在人机系统中,脑电控制应该是最平衡、最具功能的接口,文中运用 BCI 系统在虚拟环境中控制飞行器,验证了使用脑电进行复杂控制的交互能力;A. S. Royer 等[72]通过研究论证了用户可以使用非浸入式脑机接口(BCIs)控制虚拟环境中的直升机,并且采用智能控制策略实现了在三维环境中的控制飞行等操作。

综观国内外研究成果发现,尚缺乏数字界面脑电评估方法的系统和前瞻性研究。首先,在理论建构方面,研究对象相对单一,忽视了信息之间的联系以及信息与认知之间的作用机理,缺少数字界面元素的认知分析;其次,在数字界面的交互方式上,研究主要服务于民用且交互方式主要为语音和手势,利用脑机、眼机交互和多通道融合的手段较少,研究的指导性和普适性都很有限,尚缺少在数字界面信息呈现及交互方式方面的指导思想和理论方法;再次,在软件评价模型方面,大量构建于精密逻辑数理方法之上的认知计算模型,缺乏与用户感知行为的映射,其可靠性有待商榷;最后,在用户的生理实验、基础数据获取和生理测评方法上,相关研究较少,尤其缺乏数字界面的眼动与脑电等生理指标的定量测评模型等方面的研究。

国内外运用脑功能成像技术对数字界面的研究中,应用最为广泛和普遍的技术为事件相关电位技术,因此,本章将展开对脑功能成像技术、事件相关电位技术及其特点、脑电成分和实验范式的论述。

## 2.3  脑功能成像技术基础

1929 年,Hans Berger 成功测量到脑部电活动,脑电图(EEG, Electroencephalography)技术开始兴起,直到 1965 年 Sutton 记录到与执行认知任务相关的 EEG,并将相同刺激事件相关的 EEG 信号在时间上同步锁定起来,叠加平均后观察到了一系列电位,这些电位反映了信息认知加工过程的脑内信息,记为事件相关电位 ERP(Event-Related Potential)。ERP技术兴起以来,已被广泛应用于心理学、生理学、认知神经科学等研究领域。所谓 ERP,即是当外加一种特定的刺激,作用于感觉系统或脑的某一部位,在给予刺激或撤销刺激时,在脑区引起的电位变化[73]。

心理活动是脑的产物,脑电的产生和变化是脑细胞活动的基本实时表现,因此,从脑电中提取心理活动的信息,从而揭示心理活动的脑机制是心理学研究的重要方向。脑电方法历来是心理学的重要研究方法[74]。

随着 20 世纪 80 年代认知神经科学的兴起,多种脑功能成像技术已被广泛应用在研究之中,如:功能性核磁共振成像技术(fMRI, functional Magnetic Resonance Imaging)、正电子发射断层扫描技术(PET, Positron Emission Tomography)、单一正电子发射计算机断层扫描技术(SPECT, Single Positron Emission Computerized Tomography)、事件相关电位(ERP, Event-Related Potential)、脑电图(EEG, Electroencephalography)、脑磁图(MEG, Magnetoencephalography)和近红外线光谱分析技术(Near-Infrared Spectroscopy)等,如图2-1 所示[75]。

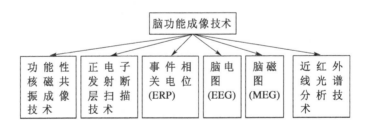

**图 2-1  脑功能成像技术**

ERP 技术具有高时间分辨率的特点,弥补了血流动力学时间维度上的不足,成为认知神经科学领域中 PET 与 fMRI 等脑电技术的重要辅助技术,ERP 能够实现脑电信号和实验任务操作的同步锁时,其波幅、潜伏期、电位和电流的空间频率等指标可提供大脑工作过程的信息,可直接反映神经的电活动,建立操作任务和脑电信号、脑区的映射和对应。ERP 技术在人机交互数字界面中的运用,旨在寻求一种归溯于人类内源性规律的研究方法。通过对界面认知的脑电信号的实时跟踪和分析,深入探索不同态势环境下视觉形象信息的认知规律,从而建立一套科学的视觉信息系统测评方法和设计规范,具有显著的理论意义和学术价值[75]。

和行为测量相比,ERP 技术的优点为:行为反应是多个认知过程的综合输出,根据反应时和准确率等指标很难确定和全面解释特定认知过程,ERP 可实现刺激与反应的连续测量,最终确定受特定实验操作影响的是哪个阶段。同时,ERP 可实现在没有行为反应的情况下对刺激的实时测量,实时信息处理的内隐监测能力成为 ERP 技术的最大优点之一[76]。ERP 技术的缺点为:ERP 成分的功能意义和行为数据的功能意义相比,并不是十分清晰和易于解释,需要一系列的假设和推理,而行为测量的结果则更加直接、易于理解。ERP 的电压非常小,需要多个被试者大量试次才可以精确测得,ERP 实验中每个条件下单个被试者需要50~100 个试次,而行为实验中每个被试者只需 20~30 个试次就可测得反应时和准确率的差异。因此,Eprime、Stim、Presentation 等刺激呈现软件可通过并口与 ERP 设备通信,实现刺激事件与脑电设备的同步,在采集行为反应数据的同时,采集 ERP 脑电成分。

与 PET、fMRI 等常用脑电生理测量手段相比,ERP 在无创性、时间分辨率、空间分辨率和费用方面的优缺点如表 2-1 所示。从表中可以看出 ERP 具有显著的优点,对于探索受刺激影响的神经认知具有非常高的价值,但并不适用于大脑功能空间精确定位和神经解剖的特异性研究。鉴于数字界面的特殊性,综合考虑实验对象、实验目的、实验耗材和成本等因素,本书将 ERP 技术作为最优选择的实验技术和方法。

表 2-1　PET、fMRI、ERP 在无创性、空间分辨率、时间分辨率和费用方面的比较

|  | PET | fMRI | ERP |
| --- | --- | --- | --- |
| 无创性 | 有 | 无 | 无 |
| 空间分辨率 | 良好 | 优秀 | 差 |
| 时间分辨率 | 差 | 差 | 优秀 |
| 费用 | 昂贵 | 昂贵 | 不贵 |

## 2.4　事件相关电位的特点与离线分析

ERP 是一种无损伤性脑认知成像技术,其电位变化是与人类身体或心理活动有时间相关的脑电活动,在头皮表面记录并以信号过滤和叠加的方式从 EEG 中分离出来[73]。ERP 脑电成分分为外源性成分和内源性成分,外源性成分是受物理刺激产生的早期脑电成分,如 P50、N1 及 C1 和 P1,内源性成分与知觉或认知等心理因素过程相关,不受物理刺激的影响,如 CNV、P300、N400 等,其中内源性成分为人类认知过程的脑神经认知提供了科学参考价值和依据。

ERP 具有如下几个特点:ERP 的电极位置距活动的神经结构较近,是近场电位;被试者的实验任务具有一定程度的参与性;实验刺激、设计和编排规范化和标准化;ERP 成分除了涵盖内外源成分外,还包括与两者均相关的中源性成分。

在 ERP 脑电设备获得原始 EEG 数据后,需开展离线分析。ERP 离线分析(Off line)是对记录到的原始生理信号进行再分析处理的过程,对原始脑电数据的离线分析过程主要包括以下几个步骤:合并行为数据(Merge behavior data);脑电预览;去除眼电(EOG)、心电(EKG)、肌电(EMG)伪迹;脑电分段(Epoch);基线校正(Baseline correct);去除伪迹(Artifact rejection）；数字滤波（Filter）；叠加平均（Average）；总平均（Group Average），如图 2-2 所示。

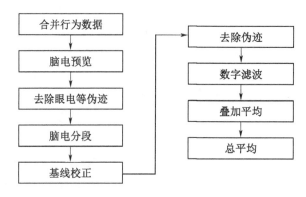

图 2-2　ERP 数据处理的基本过程

## 2.5　事件相关电位技术在数字界面中的应用

事件相关电位技术在数字界面中的应用主要体现在对数字界面的认知、视觉信息设计和评估上，包括以下三个方面：数字界面元素视觉认知脑机制的定量分析、基于认知脑机制的视觉信息设计与认知绩效的脑生理评价、用户对数字界面感知和决策的脑生理评价。

（1）数字界面元素视觉认知脑机制的定量分析

数字界面元素的认知过程主要是用户对界面元素的信息加工过程，即对输入大脑的信息进行编码、贮存、比较和检索的过程，例如通过对数字界面元素的认知、记忆、选择性注意、多通道条件下生理反应、判断和决策等 ERP 脑电实验研究，获取相关脑电数据和脑电生理指标，可客观全面地反映数字界面视觉认知的脑机制过程。

（2）基于认知脑机制的视觉信息设计与认知绩效的脑生理评价

在完成建立视觉信息设计与认知脑机制间的定量分析模型、数字界面视觉信息设计与认知脑机制间映射关系的基础之上，实现基于知识和规则的智能算法的数字界面信息的优化设计，并综合运用事件相关电位脑电技术和用户行为分析方法，分析从行为到神经的多研究角度不同实验方法所揭示的视觉信息认知间的关系，建立视觉信息认知绩效脑生理实验分析方法和评价方法。

（3）用户对数字界面感知和决策的脑生理评价

从数字界面信息输入和信息输出反馈出发，运用事件相关电位技术，获取用户对数字界面信息获取、感知、理解和决策的脑电生理指标，建立用户对数字界面感知和决策的脑生理评价体系。

## 2.6　数字界面可用性评估中的脑电成分和实验范式

在 ERP 技术手段之下的数字界面可用性生理评估，需重点关注以下脑电指标：数字界面早期选择性注意引起的偏好性感觉编码 P1/N1 成分;数字界面的视觉注意、视觉刺激辨认、记忆等重要认知功能相关的 N2 成分;遇到错误中断操作产生的 P300 成分;数字界面整体风格特征识别的语义歧义波 N400;在任务操作错误时的错误相关负波 ERN;单击按键决策反应时的运动相关电位;视听跨通道认知过程中的失匹配负波 VMMN;系统报警提示和响应时间段引起的其他相关脑电成分。

实验范式需从数字界面的信息元素视觉认知和具体实验任务两个角度来选取。在数字界面信息元素的视觉认知脑机制研究中,数字界面本身作为实验刺激材料较为复杂,需将图标、导航栏、布局、色彩等界面信息元素单独抽离出来开展实验,针对信息元素,可采用以下实验范式:

(1) 视觉 Oddball 实验范式,通过将数字界面的特定信息元素设定为靶刺激和标准刺激,诱发产生 P300、MMN 等与刺激概率有关的 ERP 成分,分析信息元素在不同出现概率时脑区 ERP 成分的变化规律。

(2) Go-Nogo 实验范式,考察信息元素在等刺激概率下引起的 N2、MMN、P3 等脑电成分的变化规律。

(3) One-back 实验范式,可实现视觉比较和辨别同一信息要素的不同设计方案之间的脑区反应和变化,从信息量认知负荷角度选取元素的设计方案。

在数字界面认知机制的研究过程中,可采用以下实验范式:

(1) 视运动知觉启动实验范式,可对数字界面不同交互方式时非意识加工脑机制进行研究,尤其针对不同动态交互效果(如 2D 交互和 3D 交互效果)呈现时的大脑兴奋度和脑区激活程度的研究。

(2) 空间注意提示实验范式,针对数字界面认知过程中提示信息的有效性、提示与靶的间隔长短、提示范围大小等参数来研究各种视觉空间注意的脑机制,尤其针对导航栏的激活和非激活态的选择性注意进行脑机制研究。

(3) 工作记忆实验范式,通过执行数字界面交互任务而获取信息,对其进行操作加工,可获取数字界面认知机理中的记忆研究的脑机制过程,届时可选取双任务范式、样本延迟匹配任务范式、n-back 任务范式或联系刷新范式来进行研究。

(4) "学习-再认"实验范式,可对数字界面认知阶段记忆效果进行测验,通过设定 SOA 或 ISI 的时间,可检验被试者的学习效果,以期获得认知负荷最小的界面作为最优界面,届时可选取相继记忆效应范式、重复效应与新旧效应范式和内隐记忆效应范式,来研究数字界面认知阶段记忆效果的脑机制。

(5) 设计适合项目研究的实验范式。

## 2.7　本章小结

本章对课题采用的技术手段进行了概述和研究,从事件相关电位的技术基础、特点和离线分析角度出发,提出了事件相关电位技术在数字界面中的应用,总结了与数字界面评估相关的 ERP 脑电成分和实验范式,为后序实验研究和相关章节提供技术支撑。

# 第3章 数字界面视觉元素的用户认知

## 3.1 引言

数字界面是一个庞大的、完整的信息系统,而其大部分的信息均通过视觉通道呈现,根据数字界面设计元素的分类方法,将其分解为基础的视觉元素。界面整体可用性的评价,需完成用户对界面整体的信息认知分析,而数字界面信息层次多、结构关系复杂、任务操作多变,很难实现对界面整体的信息认知,因此,通过对子功能区域和基础视觉元素的信息认知分析,可完成对界面元素的可用性分析,综合后实现对界面整体和系统的用户可用性分析。

## 3.2 数字界面视觉元素的构成

数字界面视觉元素有诸多分类方法,从数字界面视觉效果设计的基本造型元素出发,可分为点线面、色彩、质感和动态元素[77];从数字界面的开发和实施过程出发,可分为安装过程界面设计、启动界面设计、结构框架设计、按钮设计、面板设计、菜单设计、标签设计、图标设计、滚动条及状态栏设计;在数字界面的宏观层面,可从功能性层面、结构化层面和视觉性层面对数字界面元素进行分类;图形用户界面(GUI, Graphical User Interface)提出的WIMP方法将数字界面元素分为窗口(Windows)、图标(Icons)、菜单(Menus)和指点设备(Pointers)。根据出发点的不同,数字界面元素的划分原则也不一样。

从宏观角度出发,数字界面的基本构成要素和特征包括图形、色彩、质感与交互。图形是框架布局、控件形状、文字样式、图标样式等元素的集合;色彩设计主要从信息传达、文化背景、企业形象和艺术美学角度出发,包括心理暗示和配色方案[78];质感是重要的视觉形象要素,如金属感、水晶感、亚光感、凹凸感、阴影感,需从界面风格特征出发,和颜色共同进行一体化匹配设计;交互主要指数字界面中的狭义交互动作,包括菜单展开、对话框弹出、按钮点击等实时动态,以及伴随信息提示和告警而出现的声音、震动等多通道因素。

从微观角度出发,对数字界面进行细化和解构,数字界面元素主要包括图标、控件、文字、色彩、导航、布局和交互,其中控件又包含窗口、标签、菜单、文本框、滚动条、列表、树状图、单选框和复选框,以上元素的特征属性又包含数字界面的基础构成要素,如窗口包含控件、文字、色彩、列表和标签,按钮包含文字、色彩、图标、质感和交互。按照以上思想和方法,在对数字界面进行分解后,本章从数字界面最直观的视觉外部表现出发,抽取图标、控件(导航栏)、色彩、布局、交互(告警)等数字界面的主要视觉构成要素作为研究对象,对这些元素进行用户视觉认知解析，以期为后文数字界面元素的脑电生理评估奠定认知心理学基础。

## 3.3　数字界面可用性与用户认知

可用性工程(Usability Engineering)是交互式 IT 产品或系统的一种先进开发方法，包括一整套工程过程、方法、工具和国际标准，它应用于产品生命周期的各个阶段，其核心是以用户为中心的设计方法论(UCD, User-Centered Design)，强调以用户为中心来进行开发，能有效评估和提高产品可用性质量[79]。国际标准化组织(ISO)提出了不同的可用性工程模型，Jacob Nielsen、Alan Dix 等学者亦提出相应的可用性模型，为可用性工程在具体的设计项目评估中提供了可靠的应用基础与实践经验。如图 3-1 所示，从基本概念上来说，人机交互作为一个系统，其中涵盖了数字界面设计研究，而交互设计与可用性评估为人机界面设计提供了有效的设计指南与评估。

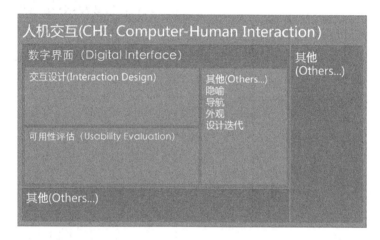

**图 3-1　人机交互、数字界面、交互设计及可用性评估概念图**

数字界面可用性评估对人机数字界面设计能否符合用户需求起着决定性的作用。设计评估的目的是确定产品的可用性与可接受程度。可用性目标用来保证数字界面易于使用和学习，可优化人机交互方式。可用性目标是交互设计的核心目标，用户体验目标是在数字界面满足可用性目标的基础上，对用户主观层面的进一步关心，如图 3-2 所示。

最早的可用性评估标准是由 Molich 和 Nielsen 提出的，随后由 Gerhardt-Powals 提出了更全面的评估标准，但是此标准未得到广泛关注而导致使用率偏低。Nielsen[80]对产品可用性进行了归纳，包括以下 5 个要素：易学习

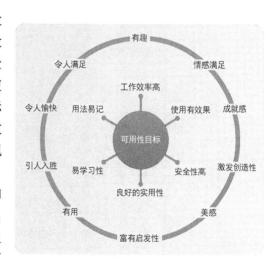

**图 3-2　数字界面可用性评估的目标层级概念**

性、交互效率、易记性、出错频率和严重性、用户满意度。其中,易学习性指产品是否易于学习,交互效率指用户使用产品完成具体任务的效率,易记性指用户搁置某产品一段时间后是否仍然记得如何操作,出错频率和严重性指用户操作错误出现频率的高低和严重程度,用户满意度指用户对产品的满意程度。Nielsen[81]还提出了用户界面可用性评估的 10 条准则,该准则成为可用性启发式评估后续研究的基石,且现行使用率和公认度很高,其主要评估准则包括:系统状态的可见性、系统与现实世界的匹配、用户控制和行动自由、一致性和标准、错误的预防、系统去识别而不是让用户记忆、灵活性和使用效率、简约设计美学、帮助用户识别和诊断并从错误中恢复、帮助文档。Nielsen 认为数字界面在每条准则上均达到很高的水平,该界面具有很高的可用性。

数字界面以用户为中心的设计和可用性评估的目的,是为了获得更好的用户体验,两条主线之间的融合点,均将用户放了第一位。因此,在数字界面设计前,需要充分了解用户的认知特点。而数字界面的认知特点则是由其构成元素的认知特点综合而成的,通过对图标、控件、色彩、布局和交互等元素认知过程的分析,来了解和掌握用户的使用习惯和设计倾向。对数字界面可用性的评估,可遵循 Nielsen 的评估原则开展。在获取用户对数字界面的认知规律以后,综合 Nielsen 可用性评估原则,开展数字界面用户认知的 ERP 实验,定量、客观、科学地检测用户的脑电指标,可实现对数字界面可用性的脑电生理评估,该部分内容将在下一章详细展开,如图 3-3 所示。

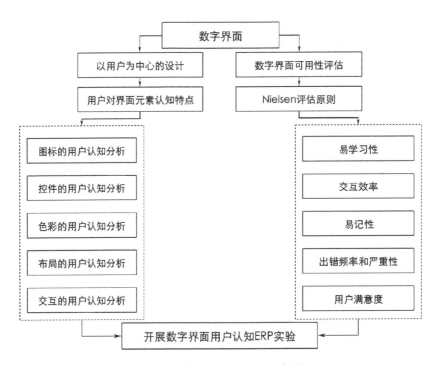

**图 3-3　数字界面可用性与用户认知**

## 3.4　数字界面视觉元素用户认知分析与脑电实验的关系

### 3.4.1　数字界面用户认知分析和脑电实验的主体对象一致性

数字界面用户认知的主体对象是人,主要通道是视觉通道。数字界面的信息可视化,采用图形语言进行信息视觉呈现,同时利用了人类的认知规律,将信息以符合人类心理模型的图像进行呈现。数字界面信息按照一定的规律,通过编码以视觉的形式呈现给用户,最后被用户所认知。

用户根据获取的视觉信息进行理解,并做出决策和反馈,该过程的流畅性和系统性除了硬件的技术指标得以满足外,主要取决于:界面可用性设计是否以用户为中心,界面是否根据用户的认知和使用习惯进行设计。用户贯穿于数字界面操作和实施的始终,不仅信息的获取和认知,还有任务的决策、反馈和交互,都需要用户来完成和实现。

ERP 脑电实验主要研究人类头皮外场的自发电位特点和属性,并进行人类认知行为的解读和探索。由此可以看出,数字界面用户认知分析和脑电实验的主体对象均是人,该特征具有一致性。

同时,人类的所有思维活动,均伴随神经的触发,用户对数字界面的认知过程也是用户神经元活动的过程,通过分析用户的神经活动规律,来反馈和解读用户对数字界面的认知规律,该特征进一步解释了两者在科学高度上主体对象的一致性。

### 3.4.2　界面视觉元素的复杂性与脑电实验设计的规范性

通常情况下,数字界面的视觉刺激呈现包含所有元素(图标、导航栏、色彩、布局、交互等),若对整个界面进行脑电实验,所采集到的脑电波则为整个界面的用户认知的神经反应,而很难从脑电信号中分离出某个元素的神经反应。

用户视觉策略通常仅能关注于界面的局部元素,而不同元素具有不同的特征和呈现形式,且界面信息的逻辑和架构地位也不同,因此,对不同视觉元素单独进行用户认知分析显得尤为必要。

为了得到数字界面视觉元素的神经生理反应的科学依据,需要对数字界面视觉元素进行分离,可单独抽离出图标、导航栏、色彩、布局和交互等元素进行脑电实验设计,获取各元素对应的脑电信号和生理指标。

界面元素认知的脑电实验,需遵循神经设计学的实验要求,而神经设计学的实验设计,是基于认知神经科学、实验心理学的基础,同时结合设计科学的特点开展的。脑电实验中数字界面元素将作为视觉刺激物来呈现,实验前对刺激材料的处理应规范、有序。

### 3.4.3　界面元素用户认知与脑电实验范式选取的局限性

数字界面元素信息传达和呈现方式不同,信息编码形式不一样,导致不同元素的认知过程也存在差异。在数字界面的图标元素认知分析中,主要对图标的记忆、隐喻和语义进行认知分析；在导航栏的认知分析中，主要对选择性注意进行认知分析；在界面配色的认知分析中，主要对色彩主观感知和喜好进行分析。

脑电实验范式具有多样性和规范性的特点，典型脑电成分的获取只能通过相应的脑电范式来实现。例如，P300 脑电成分的经典实验范式是 Oddball 实验范式，该实验范式可诱发显著 P300 脑电成分，而 P300 和记忆、认知负荷等大脑认知机制有密切联系。

不同的神经认知机制只能用相应的实验范式来获得，在数字界面的图标元素认知分析中，需选取工作记忆实验范式进行脑电实验；在导航栏的认知分析中，需选取串行失匹配范式进行脑电实验；在界面配色的认知分析中，需选取 Go-Nogo 范式进行脑电实验。

因此，在设计脑电实验前，需对不同界面元素的认知机理进行详细分析，以方便实现脑电实验范式快速合理地选取。

### 3.4.4 界面视觉元素用户认知前期分析的必要性和重要性

人类脑电波具有波动性大和敏感性大的特点，只有通过标准的实验范式，进行事件相关的约束，才能得到相应刺激认知过程的脑电信号，同时需要大量用户、大量实验样本的参与，数据采集后进行所有脑电波形叠加，才可实现脑电信号的有效性和可靠性。

实验中需要将所有被试者的脑电数据进行叠加平均以后，才能获得一个认知现象的神经科学依据，而实验条件限制为只能单个被试者进行，加之单样本对实验结果的不可预知性，对单个样本进行数据处理后，并不能看出整个种群的脑电趋势。因此，只有在所有被试者实验结束，并完成数据分析后，才可得到该认知现象的神经学依据。如果在实验后，发现所得结果与预期假设存在重大差异，再反推进行实验改进和重新设计，不仅浪费人力、物力和财力，而且浪费科研时间（脑电实验周期将近 1 个月），因此，实验设计需要花时间仔细推敲，不可操之过急，以防得不偿失。

视觉元素用户认知理论分析位于脑电实验设计的前端，如果不能全面、综合地对界面元素进行认知分析，开展的脑电实验设计将缺乏理论上的支撑，而后期所进行的脑电实验也无科学价值而言。

因此，在脑电实验设计前期，进行视觉元素用户认知理论分析，可推动实验进程，增加实验的科学性，其必要性和重要性可见一斑。接下来对数字界面中图标、控件、色彩、布局和交互进行用户认知理论的分析。

## 3.5 数字界面中图标的用户认知

在计算机软件科学中，图标代表文件、程序、网页或命令的概念符号，为某种功能或指令的图形替代物。作为人机交互数字界面的主要组成部分之一，图标成为连接用户与数字界面交互的桥梁。

图标作为一种概念符号，运用设计符号学对其解读，语义、语构、语境和语用成为数字界面图标的四个维度。在实际应用中，用户一般不需要通过专门或特别训练即可理解图标所传递的信息意义,图标的易理解性和易识别性成为其重要特征,因此,语义是图标用户认知分析过程中的最重要维度。

数字界面信息来源渠道多,信息量大,信息结构关系错综复杂,图标在任务执行过程中带给操作者更高的认知效率和操作绩效的同时,也由于批量重复操作、信息量的赘叠和大量图标的信息处理和记忆等因素的干扰,带来了认知负荷的急剧增加,导致误操作和人为事故。通过对图标的用户认知行为的研究和分析,可发现用户对图标记忆的特点和规律,对后期图标设计和交互效果具有指导意义。

在实际应用中,图形界面环境和用户使用环境相当重要,需考虑图标像素、比例、造型、色彩、质感、细节、命令和反馈形式等特征和整体界面的融合和匹配。数字界面中图标的用户认知分析包括图标语义的信息传递、用户对图标的理解和用户对图标的记忆。

### 3.5.1　图标语义的信息传递

图标的使用主要用于传递自身所指代的功能语义。隐喻是设计符号学中通用的方法之一,通过事物 A 来指代事物 B,和符号的基本职能一致。图标通过借助符号形体、符号意义解释以及符号指代对象三者的联系来完成意义转换[77]。图标设计过程中视觉隐喻手段的使用,可简化图标语义的抽象概念,使图标认知过程更符合人类认知规律,因此,在图标设计中优先选用具有隐喻特性的图标。从图标隐喻的对象出发,图标可分为物隐喻型图标和事隐喻型图标;从图标的语义维度出发,图标可分为功能隐喻型图标、操作隐喻型图标、实物隐喻型图标和语义隐喻型图标四种。图标语义从隐性角度解释抽象内容和含义,考虑到不同用户隐性知识结构存在差异,因此对用户的信息感知过程的研究尤显重要。

图标作为一种视觉感官刺激,与人的认知和行为有显著的因果关系。用户对图标的操作和使用,是在感知图标语义的输入和理性操作的输出之间发生的内部心理映射过程,如图3-4 所示。

**图 3-4　图标信息的感知与操作过程**

人类视觉系统获取图标的映像信息后,传递至大脑神经中枢,借助已有认知图式,通过联想、对比、隐喻对图标的信息结构进行解码和重组,形成对该图标语义新的理解和解读,并存贮于新的认知资源之中。依靠人类思维活动中具有隐喻功能的认知网络,通过对已有概念和类别进行假设和推理,实现对新概念和类别的识别和理解,最终简化认知过程,高效地实现信息的存贮和记忆,如图 3-5 所示。

**图 3-5　图标的用户认知过程**

### 3.5.2 用户对图标的理解

图标易于回想、识别的特点使得图标已广泛应用于数字界面中,并显著提高了界面使用的速度和准确度,但图标图像的不恰当设计和使用也会引起用户的理解歧义,致使系统的使用效率低下。因此,了解用户对图标图像的理解过程,可有效帮助设计师进行图标的设计和改进。

用户对图标的理解过程包括两个层次:图标感知和图标认知。在图标感知层次中,用户获得图标图像的物理印象;在图标认知层次中,用户通过联想直至理解图像所表示的真实含义。

图像和图标功能之间的关系越简单,联想距离就会越短,视觉关系就会变得越简单和直接。在图标理解过程中,缩短实际对象和系统对象之间的联想距离,可使图像含义更加易于学习和记忆,将会传递给用户更易理解的符号,如图 3-6 所示。

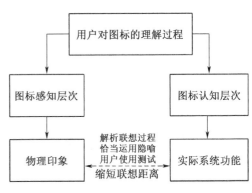

图 3-6 用户对图标的理解过程

通过分析用户对从图标图像到真实含义的联想过程,恰当地运用隐喻手段和用户使用测试,可实现缩短图标物理印象和实际系统功能间的联想距离。同时,对图标进行详细而结构化的设计,研究图标的性质和可用性,可进一步降低用户在图标理解过程中的认知障碍。

### 3.5.3 用户对图标的记忆

视觉刺激与信息是通过图像记忆进行存储的[82],用户对图标视觉刺激的记忆模型分为三个阶段:图标感觉记忆、图标短时记忆和图标长时记忆,如图 3-7 所示。

图 3-7 用户对图标的记忆过程

图标感觉记忆是在短时间内对视觉感觉器官传入的图标图像信息进行缓冲和存储,该过程将视觉感官信息转化为可辨别的形式,再对图标图像信息进行短时保留,并提醒高级神经中枢调用相关信息处理机制,做进一步转化和处理。

图标短时记忆主要对正在运作的记忆进行判断和筛选,判断正在处理的图标图像是否与原有记忆中图标概念和模型一致,有何差异和相同之处,通过该思维过程实现对图标信息的存储。

图标长时记忆是经过图标感觉记忆和图标短时记忆后处理过的信息,且图标信息不容易被忘却,记忆容量大。图标的语义组织和使用经验可帮助用户实现对图标的长期记忆和存储,同时也是用户对图标产生隐喻并理解隐喻的重要基础。

因此,在数字界面的图标设计中,只有充分体现图标功能信息与用户的相关性,才能更快速地引起用户注意,并在图标短时记忆中快速判断和筛选,加深用户对该图标的印象,进一步形成长时记忆。

在数字界面的实际操作和学习中,大多数数字界面的图标数量、种类繁多,需要对图标进行多次复述和回忆,才可将图标短时记忆传送至图标长时记忆,形成长期记忆。由此可见,图标短时记忆的应用尤为广泛和普遍,用户短期记忆容量的信息保存组块为 $7\pm2$[83],且用户对图像记忆的持续时间约为 1 s,后文针对用户对图标的认知分析过程,运用 ERP 技术进行了不同时间压力和数量下的用户图标记忆研究。

## 3.6　数字界面中控件的用户认知

在数字界面中,控件是一种图形用户界面元素,通过可视化构件块来呈现,在系统程序中实现对数字界面信息元素间的交互操作。从信息输入输出的角度出发,控件可划分为按钮、菜单、组合框、列表框、滚动条、滑动条和微调器;从信息属性和信息分组出发,可划分为信息栏、标签、进度条、状态栏、工具提示、面板和工具栏;从信息导航角度出发,可划分为地址栏、导航栏和超链接;从信息视窗出发,可划分为对话框、模态窗口、文件对话框和警告对话框。由上可知,控件涵盖范围极广,几乎涉及数字界面的所有信息元素。

控件为数字界面视觉信息呈现和交互的重要组成部分,但考虑到控件范畴的广泛性,从数字界面的信息认知和交互出发进行广义阐述,以期能够总结和概括出用户对控件的认知行为过程,并针对实际应用最为广泛的导航栏控件,进行用户选择性注意行为分析。

### 3.6.1　用户对控件的视觉信息认知

在数字界面信息呈现时,界面设计师通常将有关联性的信息控件放在一起,对于不相关的控件会进行分组,避免用户产生误解。用户在数字界面控件的视觉信息认知中,根据格式塔视觉原理中的接近性原则[84],用户会自动将功能一致的控件划为一组。如图 3-8 所示,在对控件信息认知时,用户会自动将选择框组件和按钮组件进行区分,形成两个独立视觉区域,如图中虚线框所示,避免视觉上的误导。

**图 3-8　用户对控件的视觉分组**

数字界面控件数量繁多的特点,给用户视觉器官带来了庞大的认知负荷,加之用户认知信息容量有限的特点,用户往往会对必要信息进行选择性加工,同时把注意力集中于特定信息,用户的注意将发挥对数字界面控件信息进行取舍的重要功能。针对用户该认知特点,界面设计中往往对核心功能控件进行突出设计,使其处于最醒目和最受注意的状态。如图3-9所示,界面通过白框标注处将处于核心功能的控件区分开来,用户可快速注意到核心控件,同时舍弃其他信息干扰。

图 3-9　用户对控件的视觉注意

如果在数字界面中同一界面内控件数量过多,会给用户增加记忆疲劳和视觉负担,原因是用户视觉记忆容量有限,考虑到此,在进行控件设计时可运用分页显示来解决。

### 3.6.2　用户对控件的信息交互认知

用户对控件的信息交互行为,包括用户行为和控件行为,即用户的操作和界面控件的反馈。控件的信息交互过程往往贯穿着用户对数字界面浏览、点击、拖放、输入、输出等操作与反馈的过程,这些过程涉及视觉感知、视觉认知、视觉搜索、视觉注意和判断决策等复杂认知行为。控件通过色彩、图像、文字、声音、布局等元素传达信息的同时,也会给用户带来视听上的体验和跨通道的交流。对控件信息交互行为的认知,需从控件的交互过程和实际应用出发来考察。

用户通过控件的视觉暗示来感知和理解其功能的可见性,例如按钮控件边缘不同颜色的阴影效果会产生凸出可按的心理感受[85],用户操作过程中会自然进行下按和点击的交互操作。控件交互行为的功能性认知,通过视觉暗示直接传递给用户,实现用户对控件的快速交互。

在数字界面控件的实际使用过程中,系统的实时信息会通过控件来视觉呈现,并通过辅助元素和声音提示来引起用户的注意和反应,帮助用户快速做出判断和决策,该过程中视觉和听觉的注意转移过程,将直接体现出控件认知时多通道的优势和作用。如图3-10所示,某款软件界面的实时报警信息控件,运用高对比度的红色和感叹号图形语义进行视觉刺激,同时融入信息闪烁动态呈现,并伴随声音提示,通过视觉、动态元素和听觉给用户提示,用户在多通道的刺激下,会快速判断和反应。

图 3-10　报警控件给用户的多通道信息提示

### 3.6.3 导航栏的选择性注意加工

导航栏作为数字界面控件中最重要的操作功能性元素,可引导用户准确定位,并完成目标和任务,帮助用户清晰明朗地找到目标区域。在数字界面的控件中,常见的导航类型包括主导航、局部导航、分步导航、菜单导航、图标导航、Tab 导航、树状导航和选项卡导航。其中,图标导航是应用最普遍和最广泛的界面导航方式,可方便用户更快速地理解界面,消除用户与计算机的沟通障碍,使用户与计算机之间的交流更简单、自然、友好和方便。

选择性注意是指在外界诸多刺激中仅仅注意到某些刺激或刺激的某些方面,而忽略其他刺激。在数字界面的图标导航栏中,图标的状态分为激活态和非激活态,仅激活态图标可用,用户通过点击激活态图标实现相应功能和命令,非激活态图标就成了分心物。图标导航栏中的视觉选择性注意,在实际应用中有显著体现,如图 3-11 所示,在 Word for Mac 软件中图标导航栏实时状态下,"剪切""复制"和"撤销"3 个图标处于非激活态,其余图标均处于激活态,用户仅可对激活态图标进行选择和使用。

**图 3-11 Word for Mac 软件图标导航栏的选择性注意**

下文中将运用脑电实验方法,开展对图标导航栏视觉选择性注意的用户认知研究,以期能提出一些共性的导航栏设计方法,用于指导导航栏设计和界面信息架构设计。

## 3.7 数字界面中色彩的用户认知

数字界面带给用户第一印象的是界面的色彩,色彩对用户的视觉刺激最为显著,色彩已成为界面设计的基本要素之一,也成为视觉传达的重要手段和方法。良好的界面色彩设计首先可以突出重点信息,帮助用户快速锁定目标区域,提高用户获取界面信息的效率;其次也可以在整体上增强界面的可识别性和可理解性,增强企业的视觉形象识别能力,同时,色彩自身的语义暗示可以更快地提醒和警示用户系统的实时状态;最后,色彩的张力和风格可以增强用户的心理感受和体验。鉴于色彩在数字界面中的重要地位,对数字界面色彩的用户认知分析显得尤为必要。

基于用户色彩心理学、色彩感性工学和界面色彩设计原则,数字界面中色彩的用户认知分析可从以下四个角度出发:用户对界面色彩风格的认知;用户对色彩编码方式的认知;用户对界面色彩搭配的认知;用户对界面色彩语义的认知。

### 3.7.1 用户对界面色彩风格的认知

色彩风格特征主要包括色彩情感语义、色彩的联想以及界面质感所表现出来的风格特征,色彩风格特征需满足用户群体的行业背景和要求。例如,面向科研机构的应用类软件,色彩应当偏向于选择蓝色调,蓝色代表智慧感,可产生理性、科技、可靠的心理感受。

色彩情感语义的产生受视觉刺激因素、生理加工因素和认知因素等三个条件的制约,其中用户的认知直接决定色彩的情感性质,用户会对界面产生肯定或否定的态度和意识,同时不同的界面色彩也会带给用户朴素、鲜明、严谨、雅致、舒适、愉悦等不同的心理感受。

数字界面的使用中,用户往往会运用抽象联想对界面色彩产生模糊的、多元化的心理感受,并依据个体经验、知识基础和抽象思维,对界面色彩联想产生的意象进行再加工和重新认知。好的色彩设计会产生好的色彩联想,方便用户更快速地理解和操作界面。例如在波音747数字界面的改进设计方案中,色彩的设计可以体现系统的模块和内容,使用户联想到系统实际的空间、态势和环境,用蓝色代表天空,用土色代表地面,该色彩联想更易于飞行员理解界面,如图3-12所示。

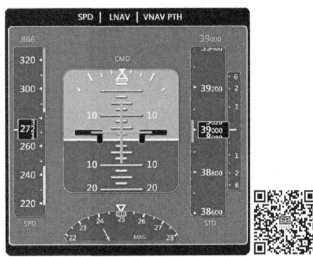

图 3-12　波音 747 数字界面的改进设计方案

质感和色彩在数字界面设计中是不可割裂的,它们共同对用户的感觉和情绪[86]发挥作用。数字界面的质感通过用户的视觉感受获得,并借助数字界面的质地和肌理的信息传递,实现数字界面的语义分类,并直接影响界面的设计风格和设计的优劣档次。如图3-13(a)(b)所示,图(a)为具有质感的界面,图(b)为不具有质感的界面,显而易见,用户的选择和偏好更倾向于(a)图。

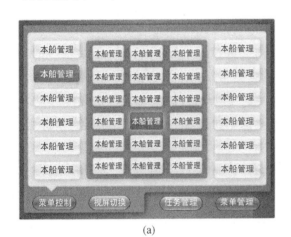

(a)

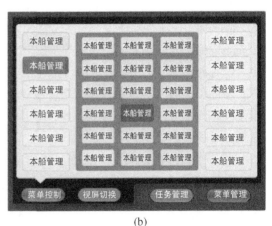

(b)

图 3-13　某数字界面质感表现的两种方案

### 3.7.2　用户对界面色彩编码方式的认知

在数字界面设计中,色彩编码可以支持一个逻辑的信息结构,并用于创建结构和子系统[87]。通过色彩对界面信息进行功能、层级的归类和整合,可以清楚地表达信息间的不同性和相似性,方便用户获取信息间的内在联系,更好地理解和学习界面。

色彩编码对色相、明度和对比度三个通道的使用,同样可增加信息的维度,帮助用户对信息的理解和辨识。为强调和突出重要信息,可以增强该信息颜色的亮度来吸引用户注意,在用户未理解刺激之前已感受到刺激的强度,快速地帮助用户搜索和锁定到关注区域。同时,色彩编码与大小、形状和位置等几何编码的结合使用,将使用户的信息搜索效率和界面信息认知程度最大化。如图3-14(a)(b)所示,在几何编码一样的情况下,通过改变颜色的色相、明度或纯度,用户在图(a)中可快速找到黄色方块,在图(b)中可快速找到黑色方块,显著提高了用户的信息搜索和查找效率。

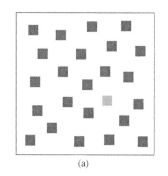
(a)

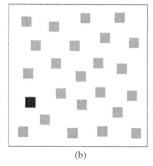
(b)

**图 3-14　信息搜索中色彩编码的作用**

在数字界面的应用中,用户对色彩编码的认知可增强其对信息的理解和回忆。例如,数字界面中对于具有特定色彩的某一类信息,用户在操作其他界面时遇到同样色彩的信息会产生回忆,并将其色彩语义进行信息映射。

### 3.7.3　用户对界面色彩搭配的认知

人类视觉感知细胞很敏感,可区分上百万种不同的颜色,但鉴别单个颜色的能力较低,只能鉴别 10 种左右[88]。该生理限制使得用户在界面信息多变量的色彩编码时,对颜色的区分和辨识变得越来越棘手,由此,通过颜色的合理搭配组合可以解决该问题。用户对界面色彩搭配的认知过程,需从色彩搭配组合和色彩数量使用两个方面来分析。

为了使数字界面的色彩醒目,应选用好的前景色和背景色的搭配组合。色彩的搭配组合包括互补配色搭配、相似颜色搭配和拆分互补搭配。由于互补色的搭配对比过于强烈,极易造成用户的反感与疲劳,而邻近色之间的搭配效果细微,不能引起用户的关注和兴趣。因此,基于互补颜色的相邻颜色之间的拆分互补搭配组合最为常用,适用性更强,用户的视觉效果、愉悦度和体验也最为优越。在数字界面的实际应用中,通常选用饱和度较低的浅色作为背景色,如图 3-15 所示为较好的色彩搭配组合方案[89]。色彩搭配得越合理,用户认知度和喜悦度越高,用户体验和情绪也越好。

| 背景色 | 白 | 黑 | 红 | 绿 | 蓝 | 青 | 品红 | 黄色 |
|---|---|---|---|---|---|---|---|---|
| 前景色 | 蓝黑红 | 白黄红 | 黄白绿 | 黑蓝黑 | 白黄红 | 白黄青 | 黑白蓝 | 红蓝黑 |

**图 3-15　较好的数字界面色彩搭配组合方案**

数字界面中颜色的使用是为了帮助用户进行信息分层和功能分类,以快速完成信息认知和信息搜索任务,但颜色的过度使用将会干扰用户的视觉注意,导致用户迷惑。Thorell和 Smith 指出,如果是记忆任务,推荐使用 5～9 种颜色[90],Shneiderma 更是建议在一个屏幕内最多使用 4 种颜色,整个界面应保持在 7 种颜色以内。因此,数字界面颜色数量的使用应适度,以防止反作用的发生,影响用户对界面的认知和学习。

### 3.7.4　用户对界面色彩语义的认知

色彩在数字界面设计中的应用应符合用户的认知习惯,尤其是用户自身经验所形成的一些约定俗成的色彩语义,例如,闪烁的红色代表禁止和警示,黄色代表预警和危险,绿色代表正常运行。因此,在界面信息呈现中,色彩语义要符合用户的传统认知,以防诱导用户的理解。图 3-16 为飞机发动机的性能指标界面,其中 EPR 代表发动机压力比、EGT 代表排气温度,N1 代表风扇转速,图(a)中飞行员不得不记忆每个操作区域的具体数字,而图(b)中通过绿色-正常、黄色-危险和红色-警示等具有语义信息的色块进行信息编码,飞行员只需观察色块区域,便可以快速识别发动机状态,及时做出判断和决策。

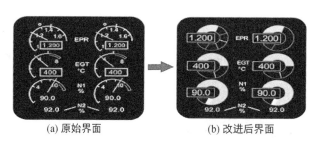

(a) 原始界面　　　　　　　　　(b) 改进后界面

**图 3-16　飞机发动机性能指标界面(宋广丽)**

色彩语义因文化、地域和行业存在差异,为防止不同用户对色彩的语义理解产生偏差,选择颜色时同样要慎重考虑这些问题。例如,在军用雷达界面中,不同颜色形成了固有的特殊含义,空中物体、水上物体和水下物体的色彩不一致,而我军目标、敌军目标和不明目标的色彩也不同,这些均属于固定行业特殊色彩的语义编码。

## 3.8　数字界面中布局的用户认知

数字界面的布局方式[91]是通过合理的组织和呈现界面元素,并在一定限定面积内将内容进行分组归纳,反复推敲界面元素与空间的关系,对具有内在联系的组织进行排列,使用户获取一个流畅的视觉体验。对数字界面布局的用户认知分析,需从布局的三个构成要素出发,即界面结构形式、界面布局元素位置和视觉认知流程。

### 3.8.1　用户对数字界面结构形式的认知

布局方式指数字界面的结构形式,界面的整体结构在视觉上直接影响用户的注意和信息搜索策略。数字界面的常见布局方式主要包括以下 5 种:三字型布局、左 T 字型布局、右 T 字型布局、左工字型布局和右工字型布局,如图 3-17 所示。心理学研究表明,用户视觉中心一般位于界面的上部和左部。在实际应用中,要根据具体的系统和任务需求选取界面结构,同时要将重要信息放在视觉中心或视觉热区,方便用户在第一时间进行操作。在进行用户认知界面布局时,会依据格式塔理论,将接近和规律分布的元素自动归类,主观上对界面形成视觉层面上的集中加工和注意。

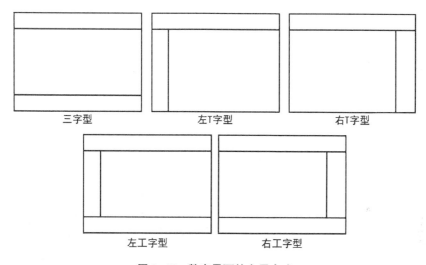

**图 3-17　数字界面的布局方式**

### 3.8.2　用户对数字界面布局元素位置的认知

在布局中,数字界面布局元素位置的分布策略,需根据元素的重要度进行分层排列。用户的操作效率和使用习惯,驱使用户会在视觉中心寻找重要元素,同样地,重要任务的界面元素需享有优先权,应放在视觉中心周围。在图 3-18 中,可以看出数字界面的最重要元素、次重要元素和最不重要元素的层级划分原则。

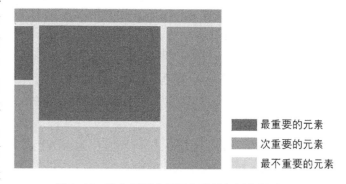

**图 3-18　数字界面布局元素的层级划分原则**

### 3.8.3　用户对数字界面布局的视觉认知流程

用户对数字界面的视觉认知流程,可以反映界面布局设计的逻辑性和任务时序。在保证界面元素中大小、比例、间距和空白等因素视觉平衡的同时,用户清楚、流畅的视觉认知路径也是良好界面的重要体现。如图 3-19 所示,图(a)中用户的视觉流程流畅,视觉搜索策略逻辑性强,对界面的认知效率和操作绩效高,而图(b)中视觉流程不流畅,视觉搜索路径杂乱,易使用户产生认知负荷,增加认知摩擦。

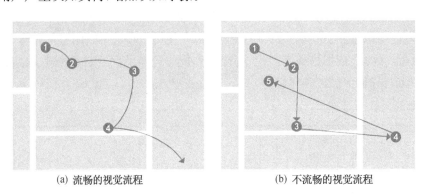

(a) 流畅的视觉流程　　　　　　　　　(b) 不流畅的视觉流程

**图 3-19　用户对数字界面布局的视觉认知流程**

## 3.9　数字界面中交互的用户认知

数字界面的交互是用户与数字界面间交流、互动的行为方式,主要强调用户行为设计的表现形式。在不同的软件系统中,交互表现形式不同,用户的行为方式也不同。用户对数字界面的交互主要通过以下行为方式进行:一是鼠标等外接设备;二是多点触控;三是声控、体感交互等跨通道方式。通过对以上三种不同行为方式下的用户表现和心理变化,来分析数字界面交互中的用户认知行为。

### 3.9.1　鼠标等外接设备交互的用户认知

用户通过鼠标在数字界面信息模块上的悬停、单击、双击和拖拽,键盘对界面的信息输入等行为,实现外接设备与界面间的信息获取和传达。

鼠标的不同操控行为会带给用户不同的感知,例如,鼠标悬停在信息元素之后伴随提示框的出现,在该过程中,只有在软件系统的响应时间和用户视觉停留时间一致,同时提示框的出现模式和用户心智想象模式搭配最适当时,用户在心理上才可以产生正向情绪,并激发出最大的愉悦感和唤醒度。

用户对鼠标单击、双击等击键行为,包括手放到鼠标上、鼠标移动到目标元素、心理准备、单击或双击鼠标、系统响应等过程,可通过击键模型来获取用户对击键行为的认知过程,但关于用户击键的学习性、回忆、专注程度、疲劳和可接受性却需另辟蹊径。

用户在用鼠标拖曳目标对象时,可通过边框加粗和悬浮状态来区别该对象和周围物体。

该过程中,用户的视线将随目标对象的移动而移动,拖拽时的视觉流畅感和平衡感将增加用户对界面的可靠性和健壮度的感性认知,同时,拖拽状态和正常状态差异不宜过大,以防止较大变化使用户对界面信息编码进行再重组和加工,从而增加心理负荷。

### 3.9.2　多点触控的用户认知行为

手指多点触控技术在数字界面中的运用愈发成熟,触控交互通过手指对界面的单击、长按、拖拽、滑动等行为方式,实现用户与数字界面的沟通和交流。

和鼠标等外接设备交互行为相比,用户直接运用手指的自然动作语言进行界面的命令输入,认知过程更加直接和自然,例如,iPad 中放大和缩小命令的手势语义和用户习惯行为一致,用户在学习过程中就更加简单易掌握。多点触控中用户认知行为的直接性也体现在任务完成中的视觉搜索、心理准备、检索记忆、操作输入、系统响应、信息反馈、判断、决策、操作输出等迭代过程中。该过程中用户的行为序列和信息认知处理同步进行,并在短时间内全部完成,用户认知效率的高低最终仍取决于系统硬件和界面设计。

在数字界面设计中,要多考虑信息元素的功能可见性的提示,给予用户操作提示后,用户更容易正确使用界面,但在设计触摸屏界面时,悬停可见的提示要慎用,以免给用户带来认知障碍。以《纽约时报》阅读器软件为例,如图 3-20 所示,图(a)是正常状态,图(b)是鼠标悬停时的效果,用户要多做一步才能看到提示,而如果在触屏设备上阅读,就完全看不到这些提示,因为没有手指悬停的操作,手指触碰屏幕的瞬间就点击了超链接[85]。

(a)《纽约时报》阅读器平时没有　　　　(b) 鼠标悬停时出现功能
　　　功能可见性提示　　　　　　　　　　可见性提示

**图 3-20　多点触控中悬停可见提示的慎用(Susan)**

### 3.9.3　声控、体感交互等跨通道方式的用户认知

声音作为数字界面中听觉通道的重要因素,在数字界面的交互中发挥着重要作用。在数字界面的实际应用中,用户可以通过声音获取数字界面的交互提示、紧急状态提示、操作反馈和体验感,如图 3-21 所示。

声控交互的主要技术是语音识别,声控交互可以给用户提供发挥自身内在感觉和认知技能的机会,在声音通道输入声音信号以后,最终转换为数字信号视觉输出给用户。在听觉和视觉的跨通道输入、认知、理解和输出的过程中,用户会在不同通道间进行信息转换、识别和注意。用户对跨通道的适应性也成为声控交互的主要影响因素。为提高声控使用的高效性,用户需整合多个感觉视听双通道和效应通道,并行和协作共同来操作界面,来提高对界面的高效认知。后文将针对数字界面中用户的跨通路认知过程,进行战斗机报警界面的视听双通道脑电实验研究。

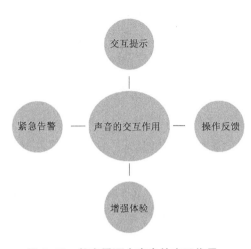

**图 3-21 数字界面中声音的交互作用**

体感交互技术是通过运用手势、肢体动作与周边的装置或环境互动。体感交互在游戏领域应用较为广泛,可使用户身临其境地与场景互动。和多点触控技术相比,该交互技术更加符合用户的使用习惯,用户对数字界面的认知和学习更加自然和流畅,势必成为未来交互的潮流。例如,用户可通过 Leap Motion 直接实现手势对苹果 PC 的交互和控制。

# 3.10 本章小结

本章首先论述了数字界面视觉元素的构成,接着阐述了数字界面可用性与用户认知,并分析了数字界面视觉元素用户认知分析与脑电实验的关系,随后对图标的语义传递、理解和记忆,控件的视觉信息认知、信息交互和导航栏选择性注意,色彩的风格、编码方式、搭配和语义,布局的结构形式、元素位置和视觉认知流程,外接设备、多点触控和跨通道交互方式等元素进行了用户认知理论的简要介绍,通过分析用户认知行为,为下文选取实验范式进行脑电实验提供了理论基础和科学依据。

# 第 4 章　数字界面元素认知的 ERP 脑电实验

## 4.1　引言

　　脑电 ERP 实验已成熟应用于认知神经科学研究领域中,但在数字界面可用性评估中尚未得到推广。鉴于数字界面基础元素中编码认知研究的针对性和特殊性,对其开展 ERP 实验前需对材料进行标准化处理和实验设计,因此,本章提出了针对数字界面可用性评估的 ERP 实验过程。

　　为获取数字界面可用性评估的脑生理证据,需将数字界面中图标、导航栏、色彩、文字等视觉元素进行解构,并根据用户对各元素的认知规律,依据规范化的实验准则和范式,开展事件相关电位脑电实验,在对实验得到的界面元素的脑电成分进行量化、归纳、综合和对比后,可获取数字界面评估和认知过程中的脑神经指标,用于指导数字界面的设计和评价。

## 4.2　数字界面可用性评估的 ERP 脑电实验过程

　　一般 ERP 实验教程的针对性和应用性较强,多用于基础研究和认知神经科学领域的探索,尚缺乏数字界面脑电实验方法的相关研究,本章从数字界面可用性评估角度出发,尝试开展数字界面 ERP 实验过程的研究。从实验测试人员的选拔、实验材料的处理、实验设备和硬件要求、实验范式的设计和刺激呈现的实现、脑电数据的采集和离线处理、脑电数据统计和分析等 6 个步骤,对数字界面可用性评估的 ERP 实验过程进行了研究。

### 4.2.1　实验测试人员的选拔

　　数字界面的可用性评估脑电实验主要由设计领域的专家用户来参与完成。较大的用户样本量可满足脑电实验结果的可靠性和普遍性,根据 ERP 研究的出版标准[73],用户样本量通常选取 20 人左右。选取被试者样本时,要考察被试者的性别、受教育水平、年龄、视听能力、利手和精神状态,各个因素需达到以下要求:为保证组间差异不受性别差异的影响,男女比例一般情况下需对半;受教育水平代表被试者任务操作能力的基础认知水平,如描述被试者为"研究生再读";鉴于 ERP 脑电成分的年龄效应和数字界面用户的年龄分布,建议选取 20～35 岁年龄段的专家用户;为保证用户对实验刺激的正常感知,良好的视听能力是开展实验的关键;鉴于以往实验任务中左右利手被试者脑区分布的差异,同时数字界面操作实验任务多由按键反应和决策,通常选取右利手被试者;数字界面实验持续时间往往较长,被试者在实验前需有良好的休息,以保证实验过程中注意力的集中和高度清醒。

### 4.2.2　实验设备和硬件要求

鉴于数字界面图像显示的高要求、高视频文件的加载以及脑电信号采集的多通道性,界面可用性测试过程中对实验设备和硬件有较高的要求,实验过程中所涉及的实验设备如图4-1所示:脑电信号放大器、电极帽、电极帽连接器、电极连接器、脑电信号记录的计算机、用于刺激呈现和行为数据记录的计算机(同一台)、多台显示器、反应盒、分屏器。

实验过程被试者需要在屏蔽室内完成,而主试需在屏蔽室外进行脑电信号的记录和刺激呈现的操作,整个实验场景如图4-1(a)所示。实验设备和硬件的具体参数要求如下:

(1) 脑电信号放大器选取64/128导放大器,由Neuroscan公司生产的Synamp 2信号放大器,如图4-1(b)所示。

(2) 电极帽为64/128导Ag/AgCl电极帽,如图4-1(d)所示。

(3) 电极帽连接器和电极帽相连,用于采集和传输脑电信号,如图4-1(e)所示。

(4) 用于脑电信号记录的计算机主要用来记录和采集脑电波,该计算机上装有Scan 4.3.1脑电记录和分析软件,计算机硬件要求CPU四核以上,独立显卡显存1G以上,内存4G以上。刺激呈现和行为数据记录的计算机上装有Eprime 2.0软件,计算机硬件要求CPU四核以上,独立显卡显存1G以上,内存4G以上。

(5) 以上两台计算机之间的通信是在Eprime 2.0中选取和Scan计算机相对应的数据传输com接口,并在Eprime 2.0中插入inline语句来实现Scan计算机的触发、记录、视觉刺激与脑电信号同步和marker标记。

(6) 显示器共分为三台,其中一台放置在被试者屏蔽室内,该显示器一般用CRT显示器,另外两台分别显示脑电信号采集和刺激呈现,此两台显示器无具体要求,用于主试的实验操作。

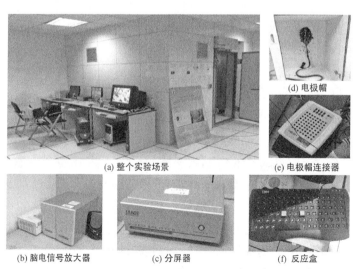

(a) 整个实验场景　　(d) 电极帽　　(e) 电极帽连接器

(b) 脑电信号放大器　　(c) 分屏器　　(f) 反应盒

**图4-1　脑电实验设备和硬件**

(7) 分屏器用于扩展刺激呈现计算机的屏幕和屏蔽室内被试者观看的屏幕,使之显示信息一致,如图 4-1(c)所示。反应盒作被试者实验任务反应之用,如图 4-1(f)所示。

### 4.2.3 ERP 实验操作过程和刺激呈现的实现

ERP 实验操作过程和注意细节如下:

(1) 用适量清水稀释电极膏,微波炉加热电极膏 1 min,搅拌均匀后自然冷却。

(2) 询问被试者实验开始前是否上厕所,保证实验过程的顺利进行。被试者用中性洗发膏洗头发,完成后用电吹风吹干。

(3) 电极帽佩戴时 CZ 电极作为参考,CZ 电极处于脑区正中,位于两耳朵连线和鼻梁连线的交点。

(4) 左右太阳穴、两个乳突、左眼上下涂抹去角质膏,去除表皮死亡细胞以增强导电,轻涂轻擦。

(5) 佩戴水平眼电电极 HEOL、HEOR 和垂直眼电电极 VEOU、VEOL,同时选取左右乳突作为双侧参考电极。

(6) 用钝形注射器在电极帽上注射导电膏,每个电极不超过 0.1 mL。

(7) 电极 CZ、CPZ 和 FPZ 离得比较近,打导电膏时需控制好量,防止串电。

(8) 某个电极接触不良,需利用替补电极。

(9) 重点考察区域需保证电极的良好接触性和导电性。

(10) 实验过程保持安静,给被试者提供良好环境。

(11) 被试者情绪和状态对实验结果的影响较大,若感到焦躁疲惫即可停止实验,以人为本。

ERP 实验操作过程中需用到的实验用品如图 4-2 所示。在图 4-2 中,(a)为被试者盥洗室全景图;(b)为毛巾,用作擦拭头发;(c)为导电膏,用作头皮导电;(d)为中性洗发露,用作去除头发表皮头屑;(e)为热水器,方便被试者洗头;(f)为微波炉,加热导电膏之用;(g)为替补电极,对不良或损坏的电极进行替换;(h)为去角质膏和卫生棉,去角质膏在佩戴眼电、左右乳突参考电极时,去除表皮死亡细胞增强导电之用,卫生棉用于擦拭导电膏。

刺激通过 Eprime 2.0 软件来呈现,Eprime 2.0 软件自身可生成反应时、准确率等行为数据,在软件中可加入脑电 inline 语句,可触发脑电设备,进行脑电实验。

inline 语句主要用于考察图片出现时,启动脑电设备,记录需考察图片的脑电数据,需在 list 中插入列,同时对不同类型图片进行 marker 标记(脑电),inline 语句一般放置在 list 下面。运用 Eprime 进行一般的行为实验,不需要加 inline 语句,且不影响行为数据。假设 &H378 并口为通信端口,当 tupian 文件出现时,触发器设置的 inline 语句如下:

tupian. Onset Signal Enabled＝True

tupian. Onset Signal Port＝&H378

tupian. Offset Signal Enabled＝True

tupian. Offset Signal Port＝&H378

tupian 文件出现的同时,会在脑电波的下方进行 marker 标记,其中标记的数字代码为

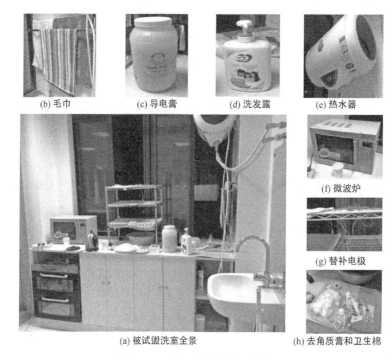

(b) 毛巾　　　(c) 导电膏　　　(d) 洗发露　　　(e) 热水器

(f) 微波炉

(g) 替补电极

(a) 被试盥洗室全景　　　　(h) 去角质膏和卫生棉

**图 4-2　实验过程中的实验药品**

1~255 内任意数字,且变量名称为 trigger,该过程的 inline 语句如下:

```
writeport & H378,0
tupian. Onset Signal Data=c. GetAttrib("trigger")
```

### 4.2.4　脑电数据统计和分析

在完成脑电数据采集和离线分析后,导出脑区所有电极的电压值和刺激事件潜伏期的数值,进行进一步统计和分析。

在 SPSS 和 Matlab 软件中,对不同变量的脑电波和潜伏期进行 ANOVA 和配对样本 $t$ 检验分析,根据显著性差异,进行半球优势和激活脑区分析。最后根据前人研究结果,结合定性的脑电波形图、脑区激活图和定量数据统计分析结果,对实验结果进行解释,深入解读和挖掘产生此脑电现象的原因,并探索该事件诱发脑区变化的神经认知机制。

## 4.3　脑电实验前数字界面元素的解构、处理和搜集

### 4.3.1　数字界面元素的解构原则

脑电实验前,需对数字界面元素进行解构处理,解构原则如下:

**（ⅰ）微观角度解构原则**

从微观角度对数字界面元素进行解构,解构后主要包括图标、控件、文字、色彩、导航、布

局和交互,细分后如表 4-1 所示。

　　对一般数字界面而言,可采用该解构原则,对界面元素开展脑电实验。

表 4-1　数字界面的元素解构

| 元素名称 | 案例示图 | 元素解构过程 | 元素解构输出 |
| --- | --- | --- | --- |
| 窗口 | | 按钮<br>标签<br>文本框<br>选框<br>图片<br>文字 | 图形<br>色彩<br>质感<br>交互 |
| 菜单 | | 按钮<br>选框 | 图形<br>色彩<br>质感<br>交互 |
| 按钮 | | 文字<br>图标<br>样式<br>交互动作 | 图形<br>色彩<br>质感<br>交互 |
| 滚动条 | | — | 图形<br>色彩<br>质感<br>交互 |

| 元素名称 | 案例示图 | 元素解构过程 | 元素解构输出 |
|---|---|---|---|
| 标签 | 某某防御　快速某某　某某任务　某某任务 | 文字<br>按钮<br>图标 | 图形<br>色彩<br>质感<br>交互 |
| 文本框 | 坐站 某某某某某某某某某某某 12：30<br>某某某某某某某某某某 11：54<br>某某某某<br>操作 某某某某某某某某某 13：22<br>某某<br>某某某某某某某某某某 09：50<br>某某某某某某某某<br>系统 某某某某某某某某某 13：11<br>某某某某某某某某某<br>某某某某 | 文字<br>分割线<br>图形 | 图形<br>色彩 |
| 列表 | 某某任务类型　2012/3/10 12:45　修改<br>某某任务类型　2012/3/10 12:45　修改<br>某某任务类型　2012/3/10 12:45　修改<br>某某任务类型　2012/3/10 12:45　修改<br>某某任务类型　2012/3/10 12:45　修改<br>某某任务类型　2012/3/10 12:45　修改<br>某某任务类型　2012/3/10 12:45　修改<br>某某任务类型　2012/3/10 12:45　修改<br>某某任务类型　2012/3/10 12:45　修改 | 文字<br>分割线<br>图形 | 图形<br>色彩 |
| 单选/复选框 | 简/就标<br>　● 简标　　● 就标<br>航向航速<br>　● 相对　　● 绝对 | 文字<br>按钮<br>图标 | 图形<br>色彩<br>质感<br>交互 |
| 图片 | | — | 图形<br>色彩 |

（续表）

| 元素名称 | 案例示图 | 元素解构过程 | 元素解构输出 |
|---|---|---|---|
| 图标 | | — | 图形<br>色彩 |
| 文字 | 快捷菜单标题文字<br>对话框及按钮标题文字<br>窗体标题文字 | — | 图形<br>色彩 |
| 声音 | — | | 交互 |
| 布局 | | | 图形 |

**（ⅱ）任务角度划分原则**

根据不同系统数字界面的特点,针对功能性较强的界面,需以任务为单元进行解构,方可对功能性界面开展脑电实验。

例如,战斗机报警界面主要包括"燃油不足""发现敌机""引擎异常"和"发射导弹"等4个子任务界面,如图4-3所示。战斗机报警界面的脑电实验,需从子任务界面的角度进行实验设计。

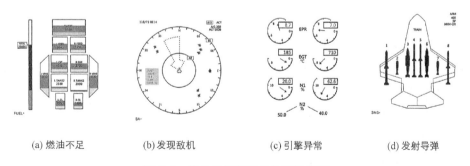

(a) 燃油不足  (b) 发现敌机  (c) 引擎异常  (d) 发射导弹

**图4-3 战斗机报警任务的四种界面**

**（ⅲ）行业角度划分原则**

不同行业和领域,均可按照(ⅰ)中的微观解构原则进行,但鉴于不同行业界面设计的规范和要求不同,需具体问题具体分析,其中军用和民用系统的数字界面元素的解构差异尤为明显。按照行业特点,对数字界面元素进行划分和解构更加方便和快捷。

例如,在军用系统图标中,根据行业标准,"海""陆""空"三种状态下具有不同的图标设计规范,如图 4-4 所示。因此,进行军用图标的脑电实验时,可从"海""陆""空"三种状态对图标进行解构,从而进行实验设计。而民用系统图标就不存在这种差异和特点。

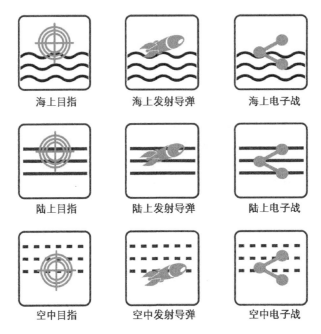

图 4-4　海陆空三种状态下的军用图标设计

## 4.3.2　解构后数字界面元素的处理方法

数字界面可用性评估,可从数字界面元素出发。根据数字界面元素的特点,将数字界面元素细分为图片、声音、视频和交互动作。为实现刺激呈现软件对数字界面元素的实验设计和编程,脑电实验开始前需对实验材料进行处理。图片、声音、视频和交互动作等元素在刺激呈现软件中均有不同的参数设置和要求。

Eprime 为本书脑电实验的刺激呈现软件,在脑电实验过程中,该软件可以同步采集被试者反应的准确率和反应时等行为数据。1.0 版本的 Eprime 软件可实现对图片、声音的刺激呈现,2.0 版本增加了对视频的呈现。本书对实验材料的刺激呈现全部采用 2.0 版本的 Eprime。

**( i ) 对图片文件的处理要求**

Eprime 在脑电实验过程中对图片文件的要求如下:图片文件应为 bmp 格式,图片像素大小根据刺激呈现的显示器来调节,要和显示器的屏幕分辨率、Eprime 中"display"的参数一致,一般情况下设置为 1024 像素×768 像素,图片颜色位深取 8 或 16 位色深。在数字界面元素认知的脑电实验中,需根据不同操作系统下界面元素的像素分辨率要求和标准,对图片进行前期处理。以图标为例,不同操作系统的图标会按照一定的标准显示图像,Windows XP 操作系统图标图像一般推荐为 48 像素×48 像素,16 位色深,而 Windows Vista 和

Win 7操作系统图标图像一般推荐为 256 像素×256 像素,16 位色深;因此,在开展图标的可用性评估实验时,需根据该图标所在操作系统下的图像标准和规范,从数字界面中抽离出图标后,运用图像处理软件对图标进行处理,以增加原始界面图标的用户认知的真实感,同时避免像素因素对实验目的的影响。正式实验前,要将所有图片素材按照统一规范和标准进行处理。

**（ⅱ）对声音文件的处理要求**

Eprime 在脑电实验过程中对声音文件的要求如下:声音文件应为 wav 格式,声音文件本身的属性要和 Eprime 中"sound"参数的设置一致,一般情况下设置音频采样频率为 44 赫兹/导,音频采样大小为 16 位,频道为 2(立体声)。声音文件建议选用文本声音转换器制作生成,由文字自动生成标准声音,随后运用音频格式转换器,将声音文件的属性按照通用参数进行调节。同时,为排除声音刺激因持续时间长短不一造成干扰或影响,需在声音编辑软件中调节音频时长,使长短一致。例如,某数字界面的听觉报警提示 ERP 实验中,"发现敌机""发射导弹""燃油不足"等报警声音文件要经过如下处理:由文本声音转换器制作生成,并经过音频格式转换器进行参数设置,随后再由声音编辑软件调整使时长一致。正式实验前,要将所有声音素材按照统一规范和标准进行处理。

**（ⅲ）对视频文件的处理要求**

视频和交互为数字界面的重要组成元素,且常为动态呈现的视觉效果。鉴于 Eprime 软件刺激呈现材料的局限性(图片、声音、视频),数字界面和用户的交互过程并不能通过 Eprime 软件实现刺激呈现,可通过制作数字界面交互过程的视频,完成对数字界面交互动作风格、视觉效果的可用性评估。因此,通过将交互过程的视频放入 Eprime 中,可实现对交互过程的脑电实验认知评估。实验前需对视频文件进行处理,以下为 Eprime 软件在脑电实验过程中对视频文件的要求:视频文件应为 wmv 格式,视频文件属性的帧宽度、帧高度要和 Eprime 中"display"参数的设置一致,一般情况下视频文件的帧宽度为 1024 像素,帧高度为 768 像素,数据速率为 784 Kbps,总比特率为 784 Kbps,帧速率为 30 fps。实验中所有视频文件的视频长度,需在视频编辑软件里进行处理,保证所有视频时长一样。正式实验前,要将所有视频素材按照统一的规范和标准进行处理。

## 4.3.3　界面元素实验材料的搜集要求

为保证脑电数据的可靠性和有效性,脑电实验需要大量脑电信号的叠加和平均,在相同被试者数量条件下,可增加同类型刺激元素的样本数量。因此,需要寻找风格一致的元素。风格一致的元素之间需满足如下条件:

（1）元素的视觉效果和色块差异要接近。

（2）元素的语义差异度在相近范围内,避免语义差异较大、歧义较大的特殊情况出现。

（3）依据元素的分类标准,选取同类的元素进行实验。例如,图标可分为功能隐喻型图标、操作隐喻型图标、实物隐喻型图标和语义隐喻型图标四种,在图标的脑电实验中,要明确实验选取图标所归属类别,避免不同类别图标之间的干扰。

## 4.4 图标记忆 ERP 脑电实验研究

### 4.4.1 实验前综述

#### （i）研究目的和意义

图标是构成人机交互数字界面的重要组成部分,是用户与包括计算机在内的各种机器、系统之间交流的主要方式之一。用户图标记忆特点的研究,对后期图标设计和界面设计具有重要的指导意义。

作为人机交互数字界面的主要组成部分之一,图标成为连接用户与复杂系统人机交互的桥梁。复杂系统的计算机数字界面信息来源渠道多,信息量大,信息结构关系错综复杂,图标在任务执行过程中带给操作者更高的认知效率和操作绩效的同时,也由于批量重复操作、信息量的赘叠和大量图标的信息处理和记忆等因素的干扰,带来了认知负荷的急剧增加,导致误操作和人为事故。对于图标认知负荷的研究,可发现用户对图标记忆认知负荷的特点和规律,对后期图标设计和交互效果具有指导意义。

#### （ii）研究前文献综述

国内外许多学者针对图标展开了相关研究,1989 年 Y. Rogers[92] 就针对界面中的图标用途进行研究,最终基于图标的信息显示界面执行任务来讨论该理论问题;1994 年 R. Lin[93] 对图标视觉特征进行研究,在图标设计的早期阶段,提出了一种设计方法帮助设计师来选择合适的设计风格的图标;2002 年 S. M. Huang[1] 总结了影响计算机图标设计的 8 个因素:样本化质量、信息质量、意义性、可定位性、隐喻、可理解性、可识别性和风格特征等,并分析了各因素的重要性权重;2006 年 T. Lindberg[94] 通过实验研究不同年龄用户对于计算机图标的感知速度,并给出了一些图标设计的建议,以期适用于个人用户的需求和喜好;2008 年 A. Chan[95] 利用触觉图标技术,研究了单用户共享的应用程序中用户远程合作模式;2012 年 Y. B. Salman[96] 通过对紧急医疗信息系统的图标和用户界面设计来展开实例研究,提出了具有参考价值的设计方法。

在视觉信息加工中的认知负荷和工作记忆研究领域,早在 1980 年 M. I. Posner[97] 的行为研究结果表明,无效提示、中性提示和有效提示的反应时由慢到快,能预料刺激出现方位的反应时显著地快于没有提示或相反提示的状况,该实验成为视觉注意研究的经典范式;1997 年 Girelli 和 Luck[98] 研究视觉搜索颜色、方向与运动是否动用同一个注意系统,采用了单视野突现范式,得到了颜色、方向与运动的搜索动用的是同一个注意系统的结论;2000 年 G. Kusak[99] 通过执行工作记忆储备不断刷新的任务实验,发现系列长度和干扰措施对回忆效果影响显著,但系列长度和干扰措施之间没有交互作用,此种范式已被广泛用来研究工作记忆的中央执行功能;2007 年 P. Missonnier[100] 等人通过研究工作记忆的脑电参数,来区分渐进和轻度稳定认知功能障碍这两种症状患者;2008 年 S. K. Rader[101] 等人在空间工作记忆任务中研究听觉事件相关电位,获得和前人一致的工作记忆听觉皮层的研究结论;2011 年 Y. J. Yi[102] 等人运用 ERP 技术测试记忆选择过程的时间选择,并解决工作记忆中的前摄干扰;2012 年 O. E. Krigolson[103]等人通过在高低负荷刺激反馈下的认知负荷实验研究,得到相关错误反馈负波(fERN)的波幅在高负荷之下减少的结果,并通过行为实验来评估被试者在高负荷情况下的调整效度。

在 P300 的事件相关电位研究领域中,1980 年 J. B. Isreal[104]对空中交通控制负荷进行研究,结果发现,随着空中交通控制作业负荷的增加,由声音诱发的事件相关电位中 P300 振幅出现持续衰减;1998 年 S. J. Luck[105]通过双任务干扰源的电生理证据,利用 P3 潜伏期来验证一个给定的实验操作是影响分类的过程,还是影响反应选择与执行的过程;2001 年 K. Albert[106]通过对 P3 幅值的综合比较研究,认为 P3 幅值是信息加工容量的指标,反映了受注意和工作记忆联合调控的事件刺激分类网络的活动;2007 年 J. Polich[107]对 P3a 和 P3b 进行了归纳和总结:P3a 反映了刺激驱动的自下而上的前脑区注意加工机制,而 P3b 反映了任务驱动的自上而下的颞-顶区注意和记忆机制。

在 P200 的研究领域中,1994 年 Luck 和 Hillyard[108]在视觉搜索实验中提出了电生理关联的特征分析,并发现当靶刺激相对罕见时,P2 反应也增强;2001 年 Potts 和 Tucker[109]对头皮前部分布的 P2b 和头皮后部分布的 N2b 进行研究,发现两者具有不同的机制,N2b 通常和任务以及刺激频率均相关,但 P2a 反映的只是与任务相关的加工;2006 年 Zhao 和 Li[110]对在非注意条件下,由面部表情引起的失匹配负波进行了研究,并发现头皮后部 P2 的潜伏期往往在 250 ms 左右,该成分和头皮前部的 P2 具有不同机制,可能与视觉信息的早期语义加工有关。

## 4.4.2　实验方法

### (ⅰ) 被试者

测试用户为东南大学 18 名(男 9 名、女 9 名)在校本科生、硕士生和博士生,其中本科生 6 名,硕士生 10 名,博士生 2 名。年龄在 20～28 岁之间,平均年龄为 24 周岁。被试者均为右利手,无精神病史或大脑创伤,视力正常或矫正视力正常。

### (ⅱ) 实验任务与程序

被试者带好电极帽后舒适地坐在一间光线柔和的隔音室里,双眼注视屏幕中心点,眼睛距屏幕约 100 cm,实验中的图片水平和垂直视角均控制在 2.3°内。图 4-5 为实验流程图,为使被试者能够熟悉实验任务,正式实验前需要进行练习实验,练习实验和正式实验步骤一致。首先呈现给被试者连续的不同数量(先 3 个,再 5 个,最后 2×5 个)和不同时间(先 4000 ms,再 2000 ms)的图标,不同数量按两种不同时间压力各呈现 60 次,不同时间下按照由易到难顺序呈现;接着随机呈现一个图标给被试者,被试者需要在 500 ms 内回忆该图标是否出现过;当进入白屏时,被试者需做出反应,若该图标有出现过,按"A"键,反之按"L"键;操作结束后进入视中心引导图片,1000 ms 后进入下一轮任务。

在本实验中,采用不同数量和不同时间压力的图标集作为刺激变量,图标统一采用最为常见的 48(px)×48(px)图标,为排除其他因素的干扰,选用风格一致、可识别性高的不同领域的系统图标。实验中选择两个因素,即图标数量和时间压力。图标呈现数量水平为 3 个,分别为 1×3、1×5、2×5 个图标;时间压力水平为 2 个,分别为 2000 ms、4000 ms。实验变

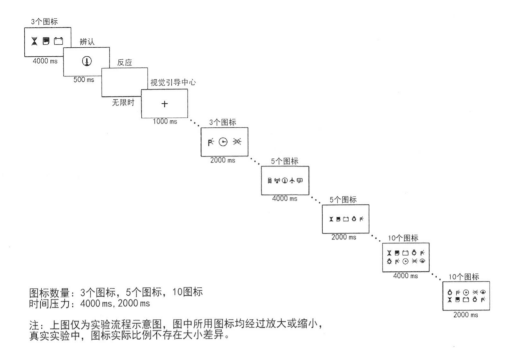

图标数量：3个图标，5个图标，10图标
时间压力：4000 ms，2000 ms

注：上图仅为实验流程示意图，图中所用图标均经过放大或缩小，
真实实验中，图标实际比例不存在大小差异。

**图 4-5　图标记忆的实验流程图**

量按两个因素变化，即数量因素 3、5、2×5 的 3 个因素水平变化，时间压力 2000 ms、4000 ms 的两个因素水平变化，共计 6 个变化。基于工作记忆实验范式[111]，本实验采用改进的失匹配任务范式，包括以下三个步骤：刺激呈现、学习和记忆、判断和反应。

**（iii）EEG 记录与分析**

事件相关电位实验设备置放于隔音隔磁、可调亮度的密闭 ERP/行为学实验室，实验任务呈现在 19 寸 CRT 显示器上，被试者根据任务要求通过反应盒做按键反应。采用美国 Neuroscan 公司生产的 Synamp2-64 导信号放大器、Scan4.3.1 脑电记录分析系统和 Ag/AgCl 电极帽，如图 4-6 所示，(a)为脑电信号放大器，(b)为 64 导电极帽。按照国际 10-20 系统来放置电极，如图 4-7 所示。

参考电极（身体相对零电位的电极）置于双侧乳突（双耳突起）连线。接地电极（Ground）在 FPZ 和 FZ 连线的中点，同时记录水平眼电和垂直眼电。滤波带通为 0.05～100 Hz，采样频率为 500 赫兹/导，电极与头皮接触电阻均小于 5 kΩ。刺激呈现采用 Eprime 1.1 软件，每个事件类型通过脑电记录系统与 Scan 软件同步记录，被试者实验过程如图 4-8 所示，(a)为主试注射导电膏过程，(b)为被试者实验过程。

## 4.4.3　行为数据分析

根据被试者的按键回答来记录行为数据，包括图标记忆再认的准确率和反应时。其中，图标记忆再认准确率指正确再认的图标数量与全部用于考察的图标数量之间的比率，即图标记忆再认准确率（ACC，Accuracy Rate）＝正确再认的数量/图标总数量，这里的计算不

(a) 脑电信号放大器　　　　　　　　(b) 64导电极帽

**图 4-6　脑电信号放大器和电极帽**

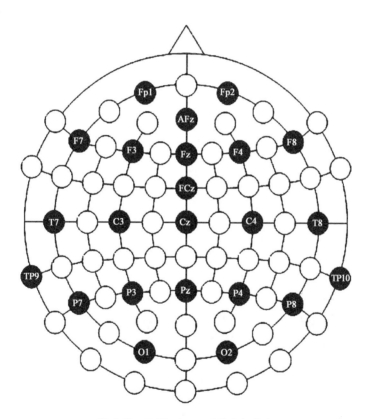

**图 4-7　64 导 10-20 系统电极分布**

包括未做出反应的测试,在本实验中,将被试者不做出反应的数据视为无效数据;图标记忆再认反应时(RT, Reaction Time)指从被试者看到目标刺激开始,到按键做出辨认之间的这段时间,它代表了被试者对图标记忆做出辨别再认的最短时间,体现了认知记忆加工和学习再认的差异。表 4-2 为不同时间压力和数量下界面图标记忆的行为数据描述性统计,重复测量方差和配对样本 $t$ 检验用于被试者的数据分析,显著性水平设置为 0.05。

(a) 主试注射导电膏过程　　　　　　　(b) 被试实验过程

图 4-8　图标记忆脑电实验过程图

表 4-2　图标记忆行为数据描述性统计

|  | 有效样本 | 均值 | 标准差 |
|---|---|---|---|
| ACC3x4000 | 18 | 0.9407 | 0.0275 |
| ACC3x2000 | 18 | 0.9602 | 0.0401 |
| ACC5x4000 | 18 | 0.7204 | 0.0494 |
| ACC5x2000 | 18 | 0.7722 | 0.0560 |
| ACC10x4000 | 18 | 0.7352 | 0.0498 |
| ACC10x2000 | 18 | 0.7519 | 0.0820 |
| RT3x4000 | 18 | 427.6676 | 181.0214 |
| RT3x2000 | 18 | 595.1444 | 291.7748 |
| RT5x4000 | 18 | 497.9602 | 368.0958 |
| RT5x2000 | 18 | 547.8491 | 299.7618 |
| RT10x4000 | 18 | 487.0102 | 258.2570 |
| RT10x2000 | 18 | 648.0778 | 411.2802 |

对于相同数量图标,4000 ms 时间压力下的 ACC 和 RT 分别低于和快于 2000 ms 时的情况,如图 4-9 所示,其中(a)为不同情况下的 ACC,(b)为不同情况下的 RT。ACC 在 4000 ms 和 2000 ms 时间压力下不同图标数量的大小顺序分别为 3＞10＞5 和 3＞5＞10,标准差在不同时间压力下的大小顺序均为 10＞5＞3。RT 在 4000 ms 和 2000 ms 时间压力下不同图标数量的大小顺序分别为 5＞10＞3 和 10＞3＞5,同样地,标准差在不同时间压力下的大小顺序分别为 5＞10＞3 和 10＞5＞3。

ACC 和 RT 的数据分析使用配对样本 $t$ 检验,结果如下:①3 个图标($p=0.0283$)和 5 个图标($p=0.0005$)在 2000 ms 和 4000 ms 时间压力之间,ACC 的平均值均存在显著性差异;3 个图标($p=0.0048$)和 10 个图标($p=0.0202$)在 2000 ms 和 4000 ms 时间压力之间,RT 的平均值均存在显著性差异。②4000 ms 时间压力($p=0.0000$)和 2000 ms 时间压力($p=0.0000$)在 3 个和 5 个图标之间,ACC 的平均值均存在显著性差异;4000 ms 时间压力($p=0.0000$)在 3 个和 10 个图标之间,ACC 的平均值也存在显著性差异。

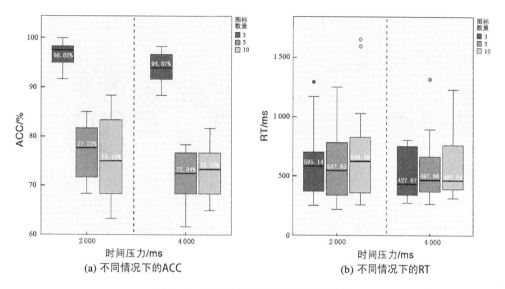

图 4-9　图标记忆行为数据箱型图分析

## 4.4.4　脑电实验数据分析

脑电记录从白屏刺激出现开始,按照前 100 ms 到刺激后 600 ms 进行分段,并以刺激前的 100 ms 脑电为基线。对 EEG 进行排除伪迹,剔除波幅大于 80 $\mu$V 的 EEG 片段。脑电分段根据不同的时间压力(2000 ms 和 4000 ms)和图标数量(3 个,5 个,10 个)进行分别平均叠加,平均后的 ERP 再进行低通 30 Hz(48 dB/Octave)的滤波。为考察图标认知的神经处理过程的内在关联性,使用被试者内重复测量方差分析和配对样本 $t$ 检验进行脑电数据统计和分析。

图 4-10 为不同图标数量和不同时间压力下的脑地形图,观察可以看出被试者平均的 ERP 脑区模式类似,主要区别在于前额区和顶-枕-颞联合区的电位颜色有一定不同。基于大量工作记忆和情绪研究所涉及的 ERP 成分[112-124]发现:P300 是目前研究最多的 ERP 成分,其峰值潜伏期在 300～600 ms 左右,P300 反映了认知处理过程中的神经元活动,P300 受主观概率、相关任务、刺激的重要性、决策、决策信心、刺激的不肯定性、注意、记忆、情感等多种因素的影响,知觉和注意因素显著影响 P300 的幅度,而刺激的物理属性以及反应本身对 P300 的幅度影响较小;P200 通常是出现在额中央区的 N1 成分之后的显著正成分,潜伏期在 200 ms 左右,该成分和靶刺激的早期识别有关,反映与任务相关的加工[73]。因此,推测图标记忆认知的研究主要在 P200 和 P300 上得到反映,选取 P200 成分和 P300 成分作为主要分析成分。

选取的电极如下,前额区选择 6 个电极 F3,FZ,F4,FC3,FCZ,FC4 作为典型电极;顶-枕-颞联合区选取左侧 P3、PO3,中线 CPZ、PZ、POZ 和右侧 P4、PO4 等 7 个电极作为典型电极。针对 P200 和 P300 成分,分别选取 100～300 ms,300～500 ms 时间段内的平均波幅进行分析。

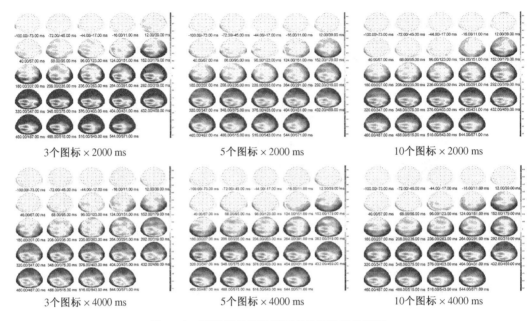

| 3个图标 × 2000 ms | 5个图标 × 2000 ms | 10个图标 × 2000 ms |

| 3个图标 × 4000 ms | 5个图标 × 4000 ms | 10个图标 × 4000 ms |

**图 4-10　图标记忆实验不同条件下的脑地形图**

**（ⅰ）P300 成分分析**

表 4-3、表 4-4 和表 4-5 分别为 3 个、5 个和 10 个图标在不同时间压力下的 P300 的平均振幅统计表,针对 P300 成分,在不同时间压力下的脑电分析如下:

呈现 3 个图标时,做 2(不同呈现时间:4000 ms、2000 ms)×7(电极:PO4、P4、POZ、PZ、CPZ、PO3、P3)的重复测量方差分析。结果表明,呈现时间类型主效应边缘显著,$F(1, 9)=4.049$,$p=0.075$;电极无显著主效应,$F(6, 4)=2.779$,$p=0.171>0.1$;呈现时间和电极的交互效应边缘显著,$F(6, 4)=5.268$,$p=0.065$。

呈现 5 个图标时,同上做 2×7 的重复测量方差分析,结果表明,呈现时间类型无显著主效应,$F(1, 9)=1.993$,$p=0.192>0.1$;电极无显著主效应,$F(6, 4)=3.444$,$p=0.126>0.1$;呈现时间和电极无交互效应,$F(6,4)=1.682$,$p=0.320>0.1$。

呈现 10 个图标时,同上做 2×7 的重复测量方差分析,结果表明,呈现时间类型无显著主效应,$F(1, 9)=0.434$,$p=0.527>0.1$;电极主效应边缘显著,$F(6, 4)=5.589$,$p=0.059$;呈现时间和电极无交互效应,$F(6, 4)=1.326$,$p=0.410>0.1$。

**表 4-3　3 个图标在不同时间压力下的 P300 的平均振幅统计表**

| | | 3个图标×4000 ms | | | 3个图标×2000 ms | | |
|---|---|---|---|---|---|---|---|
| | | 均值 300~500 ms | 标准差 | 样本量 | 均值 300~500 ms | 标准差 | 样本量 |
| 右侧 | PO4 | 0.4106 | 4.2520 | 10 | −0.9316 | 4.2883 | 10 |
| | P4 | 0.6642 | 2.8841 | 10 | −0.2595 | 2.7486 | 10 |
| | 所有电极 | 0.5374 | 3.5385 | | −0.5956 | 3.5226 | |

（续表）

| | | 3 个图标×4000 ms | | | 3 个图标×2000 ms | | |
|---|---|---|---|---|---|---|---|
| | | 均值 300~500 ms | 标准差 | 样本量 | 均值 300~500 ms | 标准差 | 样本量 |
| 中线 | POZ | 1.6457 | 4.4657 | 10 | 0.6482 | 4.1161 | 10 |
| | PZ | 2.2814 | 2.7073 | 10 | 1.3642 | 2.3919 | 10 |
| | CPZ | 1.0122 | 1.1677 | 10 | 0.5817 | 0.7616 | 10 |
| | 所有电极 | 1.6464 | 3.0273 | | 0.8647 | 2.7099 | |
| 左侧 | PO3 | 0.5369 | 4.8224 | 10 | −0.5874 | 4.3548 | 10 |
| | P3 | 0.8736 | 3.0735 | 10 | 0.2251 | 2.8879 | 10 |
| | 所有电极 | 0.7053 | 3.9396 | | −0.1812 | 3.6204 | |

**表 4-4　5 个图标在不同时间压力下的 P300 的平均振幅统计表**

| | | 5 个图标×4000 ms | | | 5 个图标×2000 ms | | |
|---|---|---|---|---|---|---|---|
| | | 均值 300~500 ms | 标准差 | 样本量 | 均值 300~500 ms | 标准差 | 样本量 |
| 右侧 | PO4 | −1.2282 | 4.4833 | 10 | −1.0005 | 4.2182 | 10 |
| | P4 | −0.5025 | 3.0343 | 10 | −0.1751 | 2.7512 | 10 |
| | 所有电极 | −0.8653 | 3.7444 | | −0.5878 | 3.4918 | |
| 中线 | POZ | 0.5835 | 4.0045 | 10 | 1.0010 | 4.4914 | 10 |
| | PZ | 1.1861 | 2.4916 | 10 | 1.7800 | 2.8191 | 10 |
| | CPZ | 0.8614 | 1.1680 | 10 | 0.9423 | 1.2680 | 10 |
| | 所有电极 | 0.8770 | 2.7184 | | 1.2411 | 3.0621 | |
| 左侧 | PO3 | −0.8940 | 4.9418 | 10 | −0.0122 | 5.1501 | 10 |
| | P3 | −0.2849 | 3.0631 | 10 | 0.4274 | 3.3153 | 10 |
| | 所有电极 | −0.5894 | 4.0137 | | 0.2076 | 4.2215 | |

**表 4-5　10 个图标在不同时间压力下的 P300 的平均振幅统计表**

| | | 10 个图标×4000 ms | | | 10 个图标×2000 ms | | |
|---|---|---|---|---|---|---|---|
| | | 均值 300~500 ms | 标准差 | 样本量 | 均值 300~500 ms | 标准差 | 样本量 |
| 右侧 | PO4 | −1.7433 | 4.3294 | 10 | −1.6581 | 4.9183 | 10 |
| | P4 | −1.0522 | 2.8739 | 10 | −0.9056 | 3.2249 | 10 |
| | 所有电极 | −1.3977 | 3.5940 | | −1.2819 | 4.0661 | |
| 中线 | POZ | 0.5176 | 4.5709 | 10 | 0.8122 | 5.1779 | 10 |
| | PZ | 1.5331 | 2.7898 | 10 | 1.5472 | 3.2056 | 10 |
| | CPZ | 0.8912 | 1.1519 | 10 | 0.8821 | 1.2741 | 10 |
| | 所有电极 | 0.9806 | 3.0811 | | 1.0805 | 3.4824 | |

(续表)

| | | 10 个图标×4000 ms | | | 10 个图标×2000 ms | | |
|---|---|---|---|---|---|---|---|
| | | 均值 300～500 ms | 标准差 | 样本量 | 均值 300～500 ms | 标准差 | 样本量 |
| 左侧 | PO3 | −1.5454 | 5.5351 | 10 | −1.2207 | 5.5210 | 10 |
| | P3 | −0.8558 | 3.2093 | 10 | −0.1856 | 3.4879 | 10 |
| | 所有电极 | −1.2006 | 4.4177 | | −0.7032 | 4.5258 | |

将以上 7 个电极分为右侧(PO4、P4),中侧(POZ、PZ、CPZ),左侧(PO3、P3)3 个区域,对每个区域内的几个电极叠加平均,并分析统计不同脑区位置的差异:呈现 3 个图标时,做 2(不同呈现时间:4000 ms、2000 ms)×3(电极:左侧、中侧、右侧)的重复测量方差分析,发现电极位置的主效应的显著性有明显提高,$F_{(2, 8)}=4.664$,$p=0.045<0.05$。对左侧、中侧、右侧 3 个位置进行不同呈现时间(4000 ms 和 2000 ms)下的配对样本 t 检验,如表4-6 所示,只有在脑区中部,4000 ms 时间压力的平均电位(均值=1.6464,标准差=2.7220)显著高于 2000 ms 时间压力下的电位值(均值=0.8647,标准差=2.3467),$p=0.032<0.05$。进一步对中部 3 个电极进行分析,如表 4-7 和 4-8 所示,配对样本 t 检验发现,4000 ms 时间压力下 PZ 的电压(平均值=2.2814,标准差=2.7073)显著大于 2000 ms 时间压力下 PZ 的电压(平均值=1.3642,标准差=2.3919),$p=0.018<0.05$。在呈现 3 个图标时,不同时间压力下图标的记忆认知过程,顶中央区 PZ 为重点关注区。

**表 4-6　3 个图标在不同时间压力下不同区域 ERP 均值配对样本 t 检验**

| 3 个图标 | 成对差分 | | | | | t | df | Sig.(双侧) |
|---|---|---|---|---|---|---|---|---|
| | 均值 | 标准差 | 均值 标准误 | 差分的 95% 置信区间 | | | | |
| | | | | 下限 | 上限 | | | |
| 4000 ms 左侧- 2000 ms 左侧 | 0.886 | 1.915 | 0.606 | −0.484 | 2.256 | 1.464 | 9 | 0.177 |
| 4000 ms 中侧- 2000 ms 中侧 | 0.782 | 0.975 | 0.308 | 0.084 | 1.479 | 2.535 | 9 | 0.032 |
| 4000 ms 右侧- 2000 ms 右侧 | 1.133 | 1.949 | 0.616 | −0.262 | 2.527 | 1.838 | 9 | 0.099 |

**表 4-7　3 个图标在不同时间压力下中部脑区不同电极电位平均值**

| 3 个图标 | 均值 | N | 标准差 | 均值标准误 |
|---|---|---|---|---|
| POZ:4000 ms | 1.6457 | 10 | 4.4657 | 1.4122 |
| POZ:2000 ms | 0.6482 | 10 | 4.1161 | 1.3016 |
| PZ:4000 ms | 2.2814 | 10 | 2.7073 | 0.8561 |
| PZ:2000 ms | 1.3642 | 10 | 2.3919 | 0.7564 |
| CPZ:4000 ms | 1.0122 | 10 | 1.1677 | 0.3693 |
| CPZ:2000 ms | 0.5817 | 10 | 0.7616 | 0.2409 |

**表 4-8　3 个图标在不同时间压力下中部不同区域不同电极配对样本 $t$ 检验**

| 3 个图标 | 成对差分 | | | | | $t$ | $df$ | Sig.（双侧） |
| --- | --- | --- | --- | --- | --- | --- | --- | --- |
| | 均值 | 标准差 | 均值标准误 | 差分的 95% 置信区间 | | | | |
| | | | | 下限 | 上限 | | | |
| POZ：(4000 ms-2000 ms) | 0.9975 | 1.6771 | 0.5303 | −0.2022 | 2.1972 | 1.881 | 9 | 0.093 |
| PZ：(4000 ms-2000 ms) | 0.9173 | 1.0078 | 0.3187 | 0.1963 | 1.6382 | 2.878 | 9 | 0.018 |
| CPZ：(4000 ms-2000 ms) | 0.4305 | 0.6685 | 0.2114 | −0.0477 | 0.9087 | 2.036 | 9 | 0.072 |

图 4-11 为顶中央区 PZ 电极的电位波形图，从图中可以看出，呈现 3 个图标时，在 300～500 ms 时间段出现明显的 P300 晚成分，而在 2000 ms 时间压力下 P300 的潜伏期要晚于 4000 ms 下的潜伏期，4000 ms 时的波峰值要大于 2000 ms 时的波峰值，和前面做的平均值统计分析吻合。从脑地形图中也可看出，3 个图标在 4000 ms 时间压力下较 2000 ms 时间压力下，在顶中央区有较为明显的正电位。在呈现 3 个图标时，行为数据中 4000 ms 的准确率显著低于 2000 ms 时的准确率，体现为在 4000 ms 时间压力下，被试者的认知负荷较重，需要动用更多的心理资源和认知资源，而 4000 ms 时间压力下 P300 的波幅要大于 2000 ms 下的波幅，这与双任务实验证明的 P300 的波幅与所投入的心理资源量呈正相关[74]的结果一致，且脑电分析和行为分析结果一致，即任务负荷越重，P300 波幅越大，准确率越低。

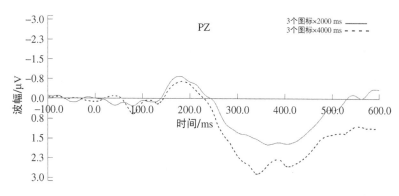

**图 4-11　3 个图标在 2000 ms 和 4000 ms 时间压力下 PZ 电极的 ERP 波形图**

呈现 5 个图标时，做 2(不同呈现时间：4000 ms，2000 ms)×3(电极：左侧、中侧、右侧)的重复测量方差分析，发现电极位置的主效应的显著性有明显提高，$F(2, 8)=8.185$，$p=0.012<0.05$。对左侧、中侧、右侧 3 个位置进行不同呈现时间(4000 ms 和 2000 ms)下的配对样本 $t$ 检验，只有在脑区左部，4000 ms 时间压力的平均电位值(均值=−0.5894，标准差=3.9465)显著低于 2000 ms 时间压力下的电位值(均值=0.2076，标准差=4.2014)，$p=0.047<0.05$，进一步对左部两个电极进行分析，配对样本 $t$ 检验发现，4000 ms 时间压力下 P3 的电压波幅值(平均值=−0.2849，标准差=3.0631)显著低于 2000 ms 时间压力下 P3 的电压波幅值(平均值=0.4274，标准差=3.3153)，$p=0.026<0.05$。由此可见，在呈现 5 个图标时，不同时间压力下图标的记忆认知过程，顶区左部存在显著差异，其中 P3 为重点关注区。

图 4-12 为顶区左侧脑区 P3 电极的电位波形图,可以看出,呈现 5 个图标时,在 $300\sim$ 500 ms 时间段出现明显的 P3 晚成分,而 4000 ms 时间压力下 P3 潜伏期要早于 2000 ms 下的潜伏期,且均有延时,4000 ms 时的波峰值要小于 2000 ms 时的波峰值。从脑地形图中也可看出,在 $300\sim500$ ms 时间段内,5 个图标在 2000 ms 时间压力下顶区左侧有较明显的正电位,而 4000 ms 时间压力下有较为明显的负电位。在呈现 5 个图标时,行为数据中 4000 ms 的反应时显著快于 2000 ms 时的反应时,体现为在 2000 ms 时间压力下,被试者需要花费更多时间来理解任务、感知任务和决策任务,而 2000 ms 时间压力下 P3 的潜伏期要比 4000 ms 下的潜伏期要长,也与 M. Kutas 等[125]得出的 P300 的潜伏期随着任务难度的增加而延长的结论一致,且脑电分析和行为分析结果一致,即任务难度增大,P300 潜伏期会延长,反应时变长。

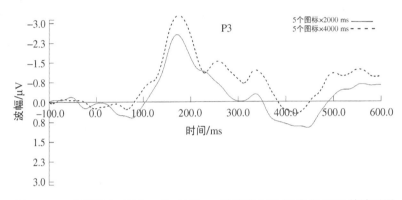

**图 4-12  5 个图标在 2000 ms 和 4000 ms 时间压力下 P3 电极 ERP 的波形图**

针对 P300 成分,在呈现不同数量图标时的脑电分析如下:在 4000 ms 时间压力下,做 3(不同数量图标:3 个、5 个、10 个)×7(电极:PO4、P4、POZ、PZ、CPZ、PO3、P3)的重复测量方差分析,结果表明,不同数量图标主效应显著,$F(2, 8) = 9.127$,$p = 0.009 < 0.01$;电极无显著主效应,$F(6, 4) = 3.737$,$p = 0.111 > 0.1$。在 2000 ms 时间压力下,同上做 $3 \times 7$ 的重复测量方差分析,结果表明,不同数量图标主效应边缘显著,$F(2, 8) = 3.144$,$p = 0.098$;电极主效应边缘显著,$F(6, 4) = 4.561$,$p = 0.082$。在分析 P300 成分时,不同数量图标和电极的交互效应由于残差自由度不足,因此无法生成多变量检验统计量,可通过前面的数据进行对照分析。

将以上 7 个电极分为右侧(PO4、P4),中侧(POZ、PZ、CPZ),左侧(PO3、P3)3 个区域,对每个区域内的几个电极叠加平均,并分析统计不同脑区位置的差异:在 4000 ms 时间压力下,做 3(不同数量图标:3 个、5 个、10 个)×3(电极:左侧,中侧,右侧)的重复测量方差分析,发现电极位置的主效应的显著性有明显提高,$F(2, 8) = 7.880$,$p = 0.013 < 0.05$,图标数量也有显著主效应,$F(2, 8) = 8.961$,$p = 0.009 < 0.05$。对左侧、中侧、右侧 3 个位置进行不同图标数量(3 个,5 个和 10 个)的配对样本 $t$ 检验,在脑区右侧,3 个图标的平均电位波幅值(均值=0.5374,标准差=3.4312)显著低于 5 个图标的电位波幅值(均值=-0.8653,标准差=3.5634),$p = 0.018 < 0.05$,3 个图标的平均波幅值显著低于 10 个图标

的电位波幅值(均值＝－1.3977,标准差＝3.4430),$p＝0.006＜0.05$。在脑区中部,3 个图标的平均电位波幅值(均值＝1.6464,标准差＝2.7220)显著高于 5 个图标的电位波幅值(均值＝0.2622,标准差＝2.3969),$p＝0.006＜0.05$,3 个图标的平均波幅值显著高于 10 个图标的电位波幅值(均值＝0.9807,标准差＝2.7662),$p＝0.043＜0.05$。在脑区左侧,3 个图标的平均电位波幅值(均值＝0.7053,标准差＝3.9261)显著高于 5 个图标的电位波幅值(均值＝－0.5894,标准差＝3.9465),$p＝0.014＜0.05$,3 个图标的平均波幅值显著低于 10 个图标的电位波幅值(均值＝－1.2006,标准差＝4.3315),$p＝0.006＜0.05$。由此可见,在 4000 ms 时间压力下,脑区各部位在呈现 3 个图标时,与 5 个图标,10 个图标均表现出显著差异,而 5 个图标和 10 个图标均没有显著差异。鉴于各脑区均有显著差异和变化,不做进一步的电极分析,前期选择的 7 个电极均可作为重点关注区。

在 2000 ms 时间压力下,做 3(不同数量图标:3 个、5 个、10 个)×3(电极:左侧、中侧、右侧)的重复测量方差分析,发现电极位置的主效应的显著性有明显提高,$F(2,8)＝9.714$,$p＝0.007＜0.05$。对左侧、中侧、右侧 3 个位置进行不同图标数量(3 个、5 个和 10 个)的配对样本 $t$ 检验,在脑部左、中、右侧均没有显著的差异变化。由此可见,在 2000 ms 时间压力下,对不同图标数量的记忆认知过程,脑区各部均不存在显著差异。

**( ii ) P200 成分分析**

表 4-9、表 4-10 和表 4-11 分别为 3 个、5 个和 10 个图标在不同时间压力下 P200 的平均振幅统计表,针对 P200 成分,在不同时间压力下的脑电分析如下:呈现 3 个图标时,做 2(不同呈现时间:4000 ms、2000 ms)×6(电极:FC4、F4、FCZ、FZ、F3、FC3)的重复测量方差分析。结果表明,呈现时间类型主效应不显著,$F(1,9)＝0.144$,$p＝0.713＞0.1$;电极主效应边缘显著,$F(5,5)＝0.781$,$p＝0.094$;呈现时间和电极的交互效应不显著,$F(5,5)＝2.032$,$p＝0.228＞0.1$。呈现 5 个图标时,同上做 2×6 的重复测量方差分析,结果表明,呈现时间类型主效应边缘显著,$F(1,9)＝3.537$,$p＝0.093$;电极主效应显著,$F(5,5)＝22.424$,$p＝0.002＜0.05$;呈现时间和电极无交互效应,$F(5,5)＝3.438$,$p＝0.101＞0.1$。呈现 10 个图标时,同上做 2×6 的重复测量方差分析,结果表明,呈现时间类型有显著主效应,$F(1,9)＝5.338$,$p＝0.046＜0.05$;电极有显著主效应,$F(5,5)＝5.432$,$p＝0.043＜0.05$;呈现时间和电极无交互效应,$F(5,5)＝0.548$,$p＝0.737＞0.1$。

**表 4-9　3 个图标在不同时间压力下的 P200 的平均振幅统计表**

| 电极 | 3 个图标×4000 ms | | | 3 个图标×2000 ms | | |
|------|------|------|------|------|------|------|
| | N | 均值 100～300 ms | 标准差 | N | 均值 100～300 ms | 标准差 |
| FC4 | 10 | －0.2565 | 0.7032 | 10 | －0.5815 | 0.9311 |
| F4 | 10 | －0.2995 | 1.0811 | 10 | －0.8090 | 1.3252 |
| FCZ | 10 | －0.2179 | 0.9184 | 10 | －0.0614 | 0.7787 |
| FZ | 10 | －0.2409 | 1.2231 | 10 | －0.2306 | 1.1338 |
| F3 | 10 | 0.0249 | 1.2523 | 10 | －0.1807 | 1.2395 |
| FC3 | 10 | －0.3123 | 0.7715 | 10 | －0.1209 | 0.9326 |

表 4-10　5 个图标在不同时间压力下的 P200 的平均振幅统计表

| 电极 | 5 个图标×4000 ms | | | 5 个图标×2000 ms | | |
| --- | --- | --- | --- | --- | --- | --- |
| | $N$ | 均值 100～300 ms | 标准差 | $N$ | 均值 100～300 ms | 标准差 |
| FC4 | 10 | −0.2394 | 1.1652 | 10 | −1.0890 | 1.5640 |
| F4 | 10 | −0.1504 | 1.6575 | 10 | −1.4310 | 1.9500 |
| FCZ | 10 | 0.5779 | 0.8050 | 10 | 0.0820 | 1.0570 |
| FZ | 10 | 0.3007 | 1.2860 | 10 | −0.5460 | 1.5630 |
| F3 | 10 | 0.2930 | 1.2079 | 10 | −0.4640 | 1.6040 |
| FC3 | 10 | −0.3645 | 0.9560 | 10 | −0.5460 | 1.0210 |

表 4-11　10 个图标在不同时间压力下的 P200 的平均振幅统计表

| 电极 | 10 个图标×4000 ms | | | 10 个图标×2000 ms | | |
| --- | --- | --- | --- | --- | --- | --- |
| | $N$ | 均值 100～300 ms | 标准差 | $N$ | 均值 100～300 ms | 标准差 |
| FC4 | 10 | −0.3216 | 1.0425 | 10 | −0.8598 | 1.5267 |
| F4 | 10 | −0.2946 | 1.2341 | 10 | −1.0068 | 1.9724 |
| FCZ | 10 | 0.7147 | 0.9814 | 10 | 0.1545 | 0.9145 |
| FZ | 10 | 0.1494 | 1.3214 | 10 | −0.4812 | 1.4204 |
| F3 | 10 | −0.2377 | 1.0914 | 10 | −0.9682 | 1.5654 |
| FC3 | 10 | −0.4202 | 0.8343 | 10 | −0.8161 | 1.4371 |

将以上 6 个电极分为右侧(FC4、F4),中侧(FCZ、FZ),左侧(F3、FC3)3 个区域,对每个区域内的几个电极叠加平均,并分析统计不同脑区位置的差异:

呈现 3 个图标时,做 2(不同呈现时间:4000 ms、2000 ms)×3(电极:左侧、中侧、右侧)的重复测量方差分析,发现电极位置的主效应的显著性没有提高,$F(2,8)=0.929$,$p=0.434>0.05$。

呈现 5 个图标时,做 2(不同呈现时间:4000 ms、2000 ms)×3(电极:左侧,中侧,右侧)的重复测量方差分析,发现电极位置的主效应的显著性有明显提高,$F(2,8)=9.900$,$p=0.007<0.05$,对左侧、中侧、右侧三个位置进行不同呈现时间(4000 ms 和 2000 ms)下的配对样本 $t$ 检验,只有在脑区中部,4000 ms 时间压力的平均电位波幅值(均值$=0.4393$,标准差$=1.0254$),高于 2000 ms 时间压力下的电位波幅值(均值$=-0.2319$,标准差$=1.2895$),$p=0.056$,呈边缘显著。进一步对中部 2 个电极进行分析,配对样本 $t$ 检验发现,2 个电极 FCZ 和 FZ 均无显著性差异。因此,在呈现 5 个图标时,不同时间压力下图标记忆认知过程,额区中部为重点关注区,在关注电极上并没有显著性差异。

图 4-13 和 4-14 为额中央区电极 FCZ 和 FZ 的电位波形图,可以看出,呈现 5 个图标时,在 100～300 ms 时间段出现明显的 P2 成分,而 4000 ms 时间压力下 P2 潜伏期要稍晚于 2000 ms 下的潜伏期,4000 ms 时的波峰值要大于 2000 ms 的波峰值。从脑地形图中也可看

出,在 100～300 ms 时间段内,5 个图标在 4000 ms 时间压力下额中央区有较明显正电位。在呈现 5 个图标时,在 100～300 ms 时间段内,为早期识别过程,该成分出现之前在额中央区也出现了 N1 成分,该结果和 G. F. Potts[109] 的研究结果一致。

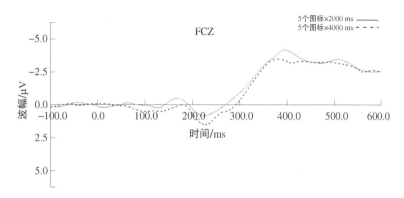

**图4-13    5 个图标在 2000 ms 和 4000 ms 时间压力下 FCZ 电极 ERP 波形图**

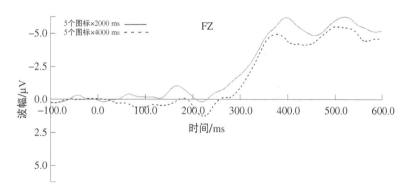

**图 4-14    5 个图标在 2000 ms 和 4000 ms 时间压力下 FZ 电极 ERP 波形图**

呈现 10 个图标时,做 2(不同呈现时间:4000 ms、2000 ms)×3(电极:左侧,中侧,右侧)的重复测量方差分析,发现时间压力有显著主效应,$F(1, 9) = 5.338$,$p = 0.046 < 0.05$;电极位置的主效应的显著性有明显提高,$F(2, 8) = 6.812$,$p = 0.019 < 0.05$。对左侧、中侧、右侧三个位置进行不同呈现时间(4000 ms 和 2000 ms)下的配对样本 $t$ 检验,在脑部左中右侧均没有显著的差异变化。由此可见,在呈现 10 个图标时,对不同时间压力下图标数量记忆认知过程,脑区各部均不存在显著差异。

针对 P2 成分,在呈现不同数量图标时的脑电分析如下:4000 ms 时间压力时,做 3(不同数量图标:3 个、5 个、10 个)×6(电极:FC4, F4, FCZ, FZ, F3, FC3)的重复测量方差分析。结果表明,不同数量图标无主效应,$F(2, 8) = 0.328$,$p = 0.730 > 0.1$;电极有显著主效应,$F(5, 5) = 9.506$,$p = 0.014 < 0.05$。2000 ms 时间压力时,同上做 3×6 的重复测量方差分析,结果表明,不同数量图标无显著主效应,$F(2, 8) = 0.472$,$p = 0.64 > 0.1$;电极主效应显著,$F(5, 5) = 9.331$,$p = 0.014 < 0.05$。在分析 P2 成分时,不同数量图标和电极的交互效应由于残差自由度不足,因此无法生成多变量检验统计量,可通过前面的数据进行对照分析。

将以上 6 个电极分为右侧(FC4、F4),中侧(FCZ、FZ),左侧(F3、FC3)3 个区域,对每个区域内的几个电极叠加平均,并分析统计不同脑区位置的差异:在 4000 ms 时间压力下,做 3(不同数量图标:3 个、5 个、10 个)×3(电极:左侧、中侧、右侧)的重复测量方差分析,发现电极位置的主效应的显著性没有提高,$F_{(2, 8)}=4.001$,$p=0.062>0.05$。

在 2000 ms 时间压力下,做 3(不同数量图标:3 个、5 个、10 个)×3(电极:左侧,中侧,右侧)的重复测量方差分析,发现电极位置的主效应的显著性有明显提高,$F_{(2, 8)}=5.953$,$p=0.026<0.05$。对左侧、中侧、右侧 3 个位置进行不同图标数量(3 个、5 个和 10 个)的配对样本 $t$ 检验,在脑部左、中、右侧均没有显著的差异变化。由此可见,在 2000 ms 时间压力下,对不同图标数量的记忆认知过程,脑区各部均不存在显著差异。

## 4.4.5 结果讨论

P300 波幅作为信息处理容量的衡量指标,显示了事件刺激分类网络活动受到注意和工作记忆的联合调节[106],本实验同样证明记忆容量和 P300 波幅相关,但图标回忆过程需做进一步的阐述。已有研究推断和总结了 P300a 和 P300b 成分,其中发现 P300b 在顶叶区域有显著反应,该现象可能和注意及自上而下的驱动任务记忆机制相关[107]。总之,任务负荷越重,PZ 电极的 P300 波幅越大,该结论和工作记忆的已有发现结果一致[125]。

对于 P200 脑电成分,先前研究[110]发现 P200 的潜伏期可能和视觉信息早期语义处理机制有联系。在语义实验中,句尾歧义时 FCZ 电极会出现一个明显的 N400 成分[126]。实验结束后,通过对被试者调查发现,76%的被试者通过将图像编码转译为语义编码来完成任务。在数量和时间压力的复合维度冲突下,加之图标语义转化过程中包括图像和语义编码,实验中 N400 成分可能已被诱发。额中央区域的 FCZ 集中分析发现,N100 的出现先于P200 的出现,该结论和前人关于早期视觉辨认成分的呈现规律的研究报告一致[109]。

前人研究[83]发现短时记忆广度为 $7\pm2$ 个,短时记忆容量约为 7 个。相比较本实验中的图标数量,只有 3 个和 5 个图标在不同时间压力下,在不同脑区有显著 ERP 脑电成分差异,10 个图标出现时,却没有显著差异。该现象可能是由于图标信息量过载造成的,因此复杂系统界面元素的复杂性和现实性是本实验选择 10 个图标的主要原因。

Biedermann 的物体识别理论[127]显示,人类通过依靠物体边缘来识别物体,而不是靠表面信息,例如颜色。基于该理论,本实验选择没有颜色编码的图标,以防止对实验目的的潜在影响,而真实图标包含颜色和形状编码,这些因素将在未来的实验中被考虑到。3 个图标和 5 个图标能够产生 P300 和 P200 的显著变化而 10 个图标却不能产生的原因,以及反应时和准确率之间的具体联系,将在进一步的研究中被揭示和说明。

## 4.4.6 实验结论及其对界面设计的指导意义

基于事件相关电位技术,采用改进的样本延迟匹配任务实验范式,研究在不同时间压力(4000 ms、2000 ms)下和不同数量图标(3 个、5 个、10 个)的图标记忆,脑电实验结论如下:

(1)在图标认知过程中,不同时间压力和图标数量下,P300 成分有显著波幅差异,并在顶叶中央区域 PZ 电极附近存在最大波幅;P200 成分在额中央区域 FCZ 电极附近有明显波幅变化。

(2) P300 和 P200 的波幅,随图标数量的增加呈增大趋势,随时间压力的变大也呈增大趋势,即 P300 和 P200 的波幅随任务难度的增加呈增大趋势。

(3) P300 峰值的潜伏期,随图标数量的增加越早出现,随时间压力的变大也越早出现,即 P300 的潜伏期(数值大小)和任务难度呈负相关关系。

实验结论对界面设计的指导意义如下:

(1) 用户的图标记忆容量有限,图标数量为 5 个时,反应时和准确率均为最佳,该结论可为底层菜单设计中图标数量的选取提供科学参考价值。

(2) 通过完成的图标记忆实验,可以发现 P200 和 P300 对图标具有比较显著的变化,可以很好地对图标的设计进行有效的测量,并且在顶中央区域和额中央区域,界面图标变化敏感,可以作为其设计优劣的测评依据和设计参考。

## 4.5　导航栏视觉选择性注意的 ERP 脑电实验研究

### 4.5.1　实验前综述

#### ( i ) 研究目的和意义

作为人机交互数字界面的重要组成部分之一,导航栏在任务操作中承担着指向、链接、过渡、查询等角色,可帮助用户更清晰明朗地找到所需区域,其设计的合理性已成为衡量数字界面易用性和用户体验的重要指标之一。图标导航是应用最普遍和最广泛的界面导航方式,可方便用户更快速地理解界面,消除用户与计算机的沟通障碍,使用户与计算机之间的交流更简单、自然、友好和方便。通过对图标导航栏视觉选择性注意的用户认知研究,提出一些共性的导航栏设计方法,可以指导导航栏设计和界面信息架构设计,增强导航栏信息传达能力,减少用户认知负荷,进一步提高数字界面的设计质量。

#### ( ii ) 研究前文献综述

P200 是 ERP 早期成分之一,该成分与视觉信息的早期识别有关,主要出现在视觉搜索实验[108],与任务相关的加工[109] 和视觉信息早期语义加工[110] 等认知过程中。N200 成分是在注意条件下产生的早期成分之一,在不同作业任务和不同通道下,N200 成分会有不同的表现和意义[128],尤其在视觉搜索[129]、面孔记忆[130]、特征匹配[131] 和 Sternberg 工作记忆等实验任务中有显著表现。N400 是 M. Kutas[126] 通过句尾歧义词研究发现的,主要反映语义认知加工过程,句法[132]、图片[133]、语音[134] 等刺激物也可诱发 N400。

目前,国内外研究者运用 ERP 对图标理解[30]、图标记忆[135] 进行了研究,但针对图标导航栏选择性注意的 ERP 研究几乎没有。选择性注意是指在外界诸多刺激中仅仅注意到某些刺激或刺激的某些方面,而忽略其他刺激。在数字界面的图标导航栏中,图标的状态分为激活态和非激活态,仅激活态图标可用,用户通过点击激活态图标实现相应功能和命令,非激活态图标就成了分心物。

## 4.5.2 实验方法

### （i）被试者

测试用户为 20 名大学生(男、女各 10 名),年龄在 20～30 岁之间,被试者身心健康、无心理疾病史、右利手、视力或矫正视力正常,均有多年图形设备使用经验。被试者在实验前需进行任务培训,熟悉任务流程及操作要求。实验在 ERP 实验室进行,被试者带好电极帽后舒适地坐在屏幕前,眼睛距屏幕 550～600 mm,实验中被试者的水平和垂直视角均控制在 2.3°内。

### （ii）实验程序

为避免个人偏好和行业熟悉度对实验的影响,选取被试者均不熟悉的军用、通信、信息等行业图标作为刺激材料,所有图标均经过去色和视觉效果的统一化图像处理。为排除图标外围轮廓的影响,图标增加了圆角边框,图标大小均为 48 像素×48 像素。导航栏中共包含 5 个图标,分为激活态图标和非激活态图标两类,高亮度的图标为激活态图标,较暗的为非激活态图标。本实验将采用 ERP 技术,利用串行失匹配范式对图标导航栏视觉选择性注意的用户认知过程进行考察。

首先屏幕中央出现白色十字叉,背景为黑色,持续 500 ms 后消失;随后出现图标导航栏,呈现 2000 ms 后消失,该阶段被试者需记住导航栏中激活态图标;然后出现黑屏,持续500 ms 后消失,该阶段被试者不需做出反应,可眨眼休息以消除视觉残留;最后出现靶刺激图标,持续无限时,该阶段被试者需辨认该图标是否曾出现在上一阶段的激活态图标中,如果出现按"A"键,否则按"L"键。实验过程中,导航栏中的激活态图标位置随机排置,每 2个试次(trails)的时间间隔为 500 ms,整个实验根据导航栏激活态图标的数量(1 个、2 个、3 个、4 个)共分为 4 个部分,其中每部分由 60 个实验组成,每部分之间有短暂休息。实验流程如图 4-15 所示。

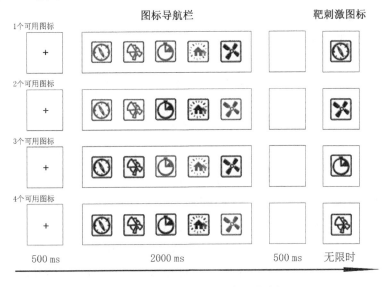

**图 4-15　导航栏选择性注意实验流程图**

**（iii）脑电信号记录**

ERP 实验设备置放于隔音、隔磁、可调亮度的密闭 ERP/行为学实验室，19 寸 CRT 显示器视觉呈现，键盘用于按键反应。实验采用美国 Neuroscan 公司的 Synamp2-64 导信号放大器、Scan4.3.1 脑电记录分析系统和 Ag/AgCl 电极帽，按照国际 10-20 系统放置电极。参考电极置于双侧乳突连线。接地电极在 FPZ 和 FZ 连线中点，同时记录水平和垂直眼电。滤波带通为 0.05～100 Hz，采样频率为 500 赫兹/导，电极与头皮接触电阻均小于 5 kΩ。

### 4.5.3　行为数据分析

行为数据包括靶刺激图标辨认的准确率和反应时。如图 4-16 和表 4-12 所示，在不同激活态图标数量下，靶刺激辨认准确率均值大小为：2 个（0.976）＞1 个（0.968）＞3 个（0.928）＞4 个（0.856），准确率随着激活态图标数量的递增大体呈递减趋势，1 个图标和 2 个图标时准确率差别不大。如图 4-17 和表 4-12 所示，在不同激活态图标数量下，靶刺激辨认反应时均值大小为：4 个（1174.233 ms）＞3 个（1112.774 ms）＞2 个（919.758 ms）＞1 个（856.304 ms），反应时随着激活态图标数量的递增呈现递增趋势。

**表 4-12　不同激活态图标数量下靶刺激图标辨认的行为数据**

| 激活态图标数量/个 | 有效样本 | ACC 均值/% | RT 均值/ms |
| --- | --- | --- | --- |
| 1 | 15 | 0.968 | 856.304 |
| 2 | 15 | 0.976 | 919.758 |
| 3 | 15 | 0.928 | 1112.774 |
| 4 | 15 | 0.856 | 1174.233 |

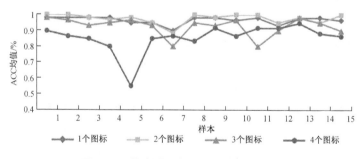

**图 4-16　靶刺激图标辨认准确率折线图**

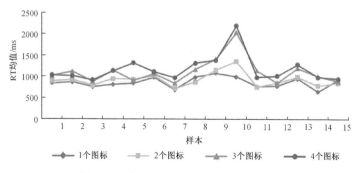

**图 4-17　靶刺激图标辨认反应时折线图**

### 4.5.4 脑电数据分析

#### （i）图标导航栏的 ERP 分析

以图标导航栏出现开始至 700 ms 作为脑电分段时间，选取左侧（P1、P3、PO3），中侧（PZ、POZ），右侧（P2、P4、PO4）等 8 个电极作为 P200 分析电极，选取右中央（C6、CP6），前右额（FC4、FC6），颞叶（FT8、TP8、T8）等 7 个电极作为 N400 分析电极。

#### （1）P200

针对 P200 成分，选取图标导航栏出现后 100～200 ms 时间段内的脑电平均波幅进行统计分析，做 4（不同激活态图标数量：1 个、2 个、3 个、4 个）×3（区域：左侧、中侧、右侧）的重复测量方差分析。分析可得，区域具有显著主效应（$F=23.298$，$p=0<0.05$），区域与图标数量不具有显著交互效应（$F=1.929$，$p=0.079>0.05$），不同图标数量之间没有显著性差异（$F=0.603$，$p=0.615>0.05$）。

对左侧、中侧、右侧 3 个位置进行不同图标数量下的配对样本 $t$ 检验，结果发现：呈现不同图标数量时，左侧均值的绝对值均大于中侧和右侧（1 个图标：1.57 μV＞1.01 μV＞0.94 μV，$p$ 均小于 0.05；2 个图标：1.82 μV＞1.30 μV＞0.57 μV，$p$ 均小于 0.05；3 个图标：2.25 μV＞1.69 μV＞1.38 μV，$p$ 均小于 0.05；4 个图标：2.26 μV＞1.50 μV＞1.40 μV，$p$ 均小于 0.05），如表 4-13 所示。对左侧区域 P1、P3、PO3 3 个电极进行不同图标数量（1，2，3，4）下的配对样本 $t$ 检验，结果发现：呈现 1 个和 2 个激活态图标时，3 个电极均不存在显著差异（$p$ 均大于 0.05）；呈现 3 个和 4 个激活态图标时，左侧 PO3 均值的绝对值显著大于 P1 和 P3（3 个图标：2.92 μV＞1.95 μV＞1.87 μV，$p$ 均小于 0.05；4 个图标：

2.83 μV＞1.98 μV＞1.96 μV，$p$ 均小于 0.05），如表 4-14 所示。如图 4-18 和图 4-19 所示，激活态图标数量为 3 个和 4 个时，P200 在左侧区域具有显著效应，PO3 附近有最大波幅。

表 4-13　不同激活态图标数量下区域（左侧、中侧、右侧）的配对样本 $t$ 检验

| 激活态图标数量/个 | 左侧/μV | 中侧/μV | 右侧/μV | $p_1$（左侧-中侧） | $p_2$（左侧-右侧） |
|---|---|---|---|---|---|
| 1 | 1.57 | 1.01 | 0.94 | 0.026 | 0.005 |
| 2 | 1.82 | 1.30 | 0.57 | 0.000 | 0.001 |
| 3 | 2.25 | 1.69 | 1.38 | 0.041 | 0.000 |
| 4 | 2.26 | 1.50 | 1.40 | 0.001 | 0.003 |

表 4-14　3 个、4 个激活态图标左侧电极（P1、P3、PO3）的配对样本 $t$ 检验

| 激活态图标数量/个 | PO3/μV | P3/μV | P1/μV | $p_1$（PO3-P3） | $p_2$（PO3-P1） |
|---|---|---|---|---|---|
| 3 | 2.92 | 1.87 | 1.95 | 0.002 | 0.033 |
| 4 | 2.83 | 1.96 | 1.98 | 0.004 | 0.018 |

(2) N400

针对 N400 成分，选取图标导航栏出现后 300～500 ms 时间段内的脑电平均波幅进行统计分析，做 4(不同激活态图标数量:1 个、2 个、3 个、4 个)×3(区域:右中央、前右额、颞)的重复测量方差分析。分析可得，区域具有显著的主效应($F=104.332$，$p=0<0.05$)，区域与图标数量不具有显著交互效应($F=0.997$，$p=0.429>0.05$)，不同图标数量之间有显著性差异($F=2.855$，$P=0.042<0.05$)。

对右中央、前右额、颞 3 个位置进行不同图标数量(1, 2, 3, 4)下的配对样本 $t$ 检验，结果发现:呈现不同图标数量时，颞均值的绝对值均大于前右额和右中央(1 个图标:1.75 μV>1.45 μV>1.02 μV，$p$ 均小于 0.05;2 个图标:2.83 μV>2.19 μV>1.87 μV，$p$ 均小于 0.05;3 个图标:2.56 μV>2.04 μV>1.74 μV，$p$ 均小于 0.05;4 个图标:1.96 μV>1.44 μV>1.22 μV，$p$ 均小于 0.05)，如表 4-15 所示。对颞区域 FT8、TP8、T8 3 个电极进行不同图标数量(1, 2, 3, 4)下的配对样本 $t$ 检验，结果发现:呈现不同图标数量时，电极 FT8 均值的绝对值均大于 TP8 和 T8(1 个图标:2.02 μV>1.83 μV>1.40 μV，$p$ 均小于 0.05;2 个图标:3.51 μV>2.86 μV>2.12 μV，$p$ 均小于 0.05;3 个图标:3.12 μV>2.54 μV>2.03 μV，$p$ 均小于 0.05;4 个图标:2.39 μV>2.01 μV>1.49 μV，$p$ 均小于 0.05)，如表 4-16所示。如图 4-18 和图 4-19 所示，在不同图标数量下，N400 在颞区具有显著效应，电极 FT8 附近有最大波幅。

表 4-15　不同激活态图标数量下区域(右中央、前右额、颞)的配对样本 $t$ 检验

| 激活态图标数量/个 | 右中央/μV | 前右额/μV | 颞/μV | $p_1$ (颞-前右额) | $p_2$ (颞-右中央) |
|---|---|---|---|---|---|
| 1 | 1.02 | 1.45 | 1.75 | 0.019 | 0.000 |
| 2 | 1.87 | 2.19 | 2.83 | 0.000 | 0.002 |
| 3 | 1.74 | 2.04 | 2.56 | 0.000 | 0.000 |
| 4 | 1.22 | 1.44 | 1.96 | 0.001 | 0.008 |

表 4-16　不同激活态图标数量下颞区域电极(FT8、TP8、T8)配对样本 $t$ 检验

| 激活态图标数量/个 | FT8/μV | TP8/μV | T8/μV | $p_1$ (FT8-TP8) | $p_2$ (FT8-T8) |
|---|---|---|---|---|---|
| 1 | 2.02 | 1.83 | 1.40 | 0.000 | 0.001 |
| 2 | 3.51 | 2.86 | 2.12 | 0.001 | 0.000 |
| 3 | 3.12 | 2.54 | 2.03 | 0.000 | 0.001 |
| 4 | 2.39 | 2.01 | 1.49 | 0.003 | 0.045 |

**( ⅱ ) 靶刺激图标的 ERP**

以靶刺激图标出现前 −100 ms 至后 700 ms 作为脑电分段时间，选取左侧(P1、P3、PO3)，中侧(PZ、POZ)，右侧(P2、P4、PO4)等 8 个电极作为 N200 分析电极,选取右中央(C6、CP6)，前右额(FC4、FC6)，颞叶(FT8、TP8、T8)等 7 个电极作为 N400 分析电极。

（1）当靶刺激图标出现在导航栏的激活态图标中

针对 N200 成分，选取靶刺激图标出现后 100～200 ms 时间段内的脑电平均波幅进行统计分析，做 4（不同图标数量：1 个，2 个，3 个，4 个）×3（区域：左侧，中侧，右侧）的重复测量方差分析。分析可得，区域具有显著的主效应（$F = 11.065$，$p = 0 < 0.05$），区域与图标数量不具有显著交互效应（$F = 0.333$，$p = 0.919 > 0.05$），不同图标数量之间没有显著性差异（$F = 0.843$，$p = 0.474 > 0.05$）。对左侧、中侧、右侧 3 个位置进行不同图标数量下的配对样本 T 检验，结果发现：呈现 1 个和 2 个图标时，3 个位置均不存在显著性差异（$p$ 均大于 0.05）；呈现 3 个和 4 个图标时，右侧均值的绝对值均大于中侧（3 个图标：1.33 $\mu$V $>$ 0.67 $\mu$V，$p = 0.023 < 0.05$；4 个图标：2.07 $\mu$V $>$ 1.43 $\mu$V，$p = 0.023 < 0.05$）。对右侧 $P2$、$P4$、$PO4$ 3 个电极做配对样本 T 检验，结果发现：呈现 3 个和 4 个图标时，$P4$ 均值的绝对值显著大于 $P2$（3 个图标：1.81 $\mu$V $>$ 0.96 $\mu$V，$p = 0.002 < 0.05$；4 个图标：2.49 $\mu$V $>$ 1.74 $\mu$V，$p = 0.029 < 0.05$）。如图 4-18 和图 4-19 所示，右侧电极具有显著效应，$P4$ 附近的波幅最大。

针对 N400 成分，选取靶刺激图标出现后 300～500 ms 时间段内的脑电平均波幅进行统计分析，做 4（不同图标数量：1 个、2 个、3 个、4 个）×3（区域：右中央、前右额、颞叶）的重复测量方差分析。分析可得，区域具有显著主效应（$F = 50.103$，$p = 0 < 0.05$），区域与图标数量不具有显著交互效应（$F = 1.766$，$p = 0.109 > 0.05$），不同图标数量之间没有显著性差异（$F = 1.799$，$p = 0.154 > 0.05$）。对 3 个位置进行不同图标数量下的区域和电极的配对样本 T 检验发现，不同图标数量下不同区域、电极均不存在显著差异（$p$ 均大于 0.05）。

（2）当靶刺激图标未出现在导航栏的激活态图标中

N200 和 N400 的分析方法均和前文分析方法一样，统计结果显示，N200 和 N400 在不同图标数量下所有区域、电极均不存在显著差异（$p$ 均大于 0.05）。

如图 4-18 所示为导航栏、靶刺激图标在不同情况下的各脑电成分波形图，图中（a）（b）（c）（d）分别代表：导航栏 PO3 电极 P200 成分，导航栏 FT8 电极 N400 成分，靶刺激图标 P4 电极 N200 成分，度量单位。

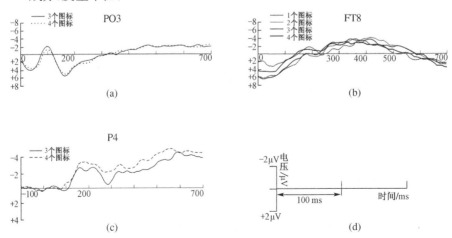

**图 4-18　导航栏、靶刺激图标在不同情况下的各脑电成分波形图**

图 4-19 为不同情况下各脑电成分在最大电压时刻的脑地形图,图中(a1)、(a2)、(b1)、(b2)、(b3)、(b4)、(c1)、(c2)分别代表,P200:3 个图标(165 ms,5.719 $\mu$V),P200:4 个图标(165 ms,5.180 $\mu$V),N400:1 个图标(368 ms,$-$3.287 $\mu$V),N400:2 个图标(361 ms,$-$3.964 $\mu$V),N400:3 个图标(342 ms,$-$3.927 $\mu$V),N400:4 个图标(330 ms,$-$3.000 $\mu$V),N200:3 个图标(161 ms,$-$2.809 $\mu$V),N200:4 个图标(177 ms,$-$3.462 $\mu$V)。

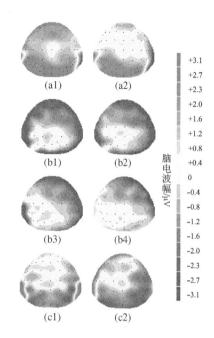

图 4-19　导航栏实验各脑电成分在最大电压时刻的脑地形图

### 4.5.5　结果讨论

#### (ⅰ)行为数据结果分析

研究结果表明,靶刺激图标辨认的准确率随激活态图标数量的递增呈递减趋势,准确率的大小顺序为:2 个>1 个>3 个>4 个。当导航栏中仅有 1 个激活态图标时,靶刺激图标的辨认准确率却不是最高,该现象可根据短时记忆贮存的脆弱性的特点来进行解释,任何外界的干扰都可能导致遗忘的发生,当只有 1 个激活态图标时,干扰项(非激活态图标)数目达到了 4 项,越容易受到干扰并导致遗忘。反应时随刺激图标数量的递增呈递增趋势,反应时的大小顺序为:4 个>3 个>2 个>1 个。资源有限理论认为人的认知资源是有限的,主要表现为工作记忆的容量有限[136],当任务难度增加,将导致注意资源短缺,产生较高的认知负荷,本实验中表现为反应时的延长。G. A. Miller[83]研究发现不论是数字、字母还是单词,被试者的短时记忆广度为7±2 个,本书所选取材料为图形符号,信息量更大,记忆广度范围将进一步缩小,同时结合界面设计规范和标准,由此,实验选取的导航栏图标数量为 5 个,其中激活态图标数量为1~4 个。G. M. Murch[137]提出的图标颜色最好使用 6 种易区分的颜色,本实验中导航栏的颜色选取了较易区别的黑、白、灰 3 种颜色,符合配色数量的标准范围,但实际应用中情况更为复杂,有待进一步的研究。

#### (ⅱ)P200 数据结果分析

研究结果显示,图标导航栏的选择性注意成分 P200 的最大波幅值位于顶枕左侧,且在电极 PO3 附近有最大波幅。J. Driver[138]对视觉注意的研究表明,当左右顶叶后部或左右顶枕联合部受到损伤时,表现出各种注意障碍,本实验与该研究结果一致,并将导航栏选择性注意的神经功能区域定位到 PO3 附近。导航栏激活态图标的选择性注意,是对激活态图标选择并短时存贮的过程,王益文等人[139]发现顶枕叶区域在短时存贮中具有显著作用,其中 P230 具有显著波幅,这为本实验选择性注意 P200 成分的出现、分布范围提供了有力证据。工作记忆脑模型认为,语义存贮可激活左侧顶叶后部[140],再次验证了 P200 成分的脑区分布,同时推测用户对激活态图标的记忆过程,可能是将图标的语义要素转译后进行加工并存贮的。

### (ⅲ) N400 数据结果分析

研究结果显示,图标导航栏的选择性注意成分 N400 的最大波峰分布于额颞右侧,且在电极 FT8 附近有最大波幅。K. Sakai[141] 的 fMRI 研究揭示,前额皮层的激活主要是因为选择与任务相关的信息不受无关分心物干扰而引起的,而内侧颞的激活主要是由于对储存过但已离线的信息再反应的结果,该结论与本实验中导航栏出现时额颞区域的激活现象一致。N400 成分是语义歧义波,而本书中的 N400 却和语义歧义并没有直接关系。因此,可推测是因为在导航栏选择性注意过程中,非激活态图标对激活态图标的注意和记忆过程产生了语义上的关联或干扰,导致 N400 的诱发和产生。如图 4-18 和图 4-19 所示,根据不同激活态图标数量下均有 N400 产生的现象,进一步说明,只要视觉刺激中有干扰项出现,均会诱发 N400,且和图标数量无关;不同激活态图标数量的 N400 潜伏期出现的先后顺序为:4 个(330 ms)、3 个(342 ms)、2 个(361 ms)、1 个(368 ms),即激活态图标数量越少,N400 出现得越晚,非激活态图标作为干扰项产生的语义干扰越多,N400 被诱发得越晚,这与 A. C. Nobre[142] 关于潜伏期出现时序和语义差异的研究结论一致。已有研究从语义、语构、语境和语用 4 个维度对图标设计进行解读[143],图标作为界面的一种语义符号,传达语义是其重要功能之一,该特征也可作为以上推论的证据之一。

### (ⅳ) N200 数据结果分析

研究结果显示,靶刺激图标的识别成分 N200 的最大波峰分布于顶区右侧,且在电极 P4 附近有最大波幅。E. K. Vogel 等[144] 在研究视觉工作记忆任务时出现了 N200,且在顶区有更集中的分布,在一定程度上反映了工作记忆中的信息保持,该结论与本实验中靶刺激出现时顶区右侧的集中分布一致。N200 成分主要包括 N2a 和 N2b,其中 N2a 为视觉失匹配负波,N2b 则和靶刺激的识别有关[73],本实验中所述的 N200 主要指 N2b 成分。本实验中当靶刺激图标曾出现在导航栏的激活态图标中时,靶刺激图标的 N200(N2b)在顶区会出现显著差异,反之不存在显著差异。R. Simson 等[145] 研究得出与任务相关的视觉刺激会诱发出 N2b 成分,且在头后部反应最大的结论,该研究结果与本实验 N200 的出现、分布一致。N200 平均波幅的变化表现出大脑右半球显著大于大脑左半球的特点,该结果体现了左右半球对视觉信息加工的不对称性,N200 在左右半球上的差异是半球功能差异的体现。

## 4.5.6 实验结论及其对界面设计的指导意义

基于事件相关电位技术,采用串行失匹配实验范式,研究数字界面中图标导航栏视觉选择性注意的用户认知,脑电实验结论如下:

(1) 在导航栏选择性注意过程中的不同激活态图标数量下,P200 成分在顶枕左侧 PO3 电极附近有显著波幅差异;N400 成分在额颞右侧 FT8 电极附近有显著波幅差异。

(2) P200 的波幅随可激活图标数量的增加呈增大趋势,即 P200 的波幅随导航栏选择性注意范围的增加呈增大趋势。

(3) 非激活态图标数量越多,N400 峰值的潜伏期越早出现,即 N400 的潜伏期(数值大小)和导航栏视觉干扰项的数量呈负相关。

实验结论对界面设计的指导意义如下:

（1）用户对导航栏选择性注意的范围有限,激活态图标为 3 个或 4 个时,脑区有显著性差异,该结论可为导航栏设计中可用图标个数的选择提供科学的参考价值。

（2）通过完成的导航栏选择性注意实验,可以发现 P200 和 N400 对导航栏具有比较显著的影响,可以对界面导航栏的设计进行有效测量,并且分别在顶枕左侧和额颞右侧,导航栏变化敏感,可以作为其设计优劣的测评依据和设计参考。

## 4.6　数字界面配色评价的 ERP 脑电实验研究

### 4.6.1　实验前综述

颜色作为数字界面的重要组成元素,前文在分析数字界面颜色的用户认知规律时,对其重要性和在数字界面中的作用已做了详细陈述和分析,针对国内外运用脑电技术对数字界面色彩评价鲜有涉及的现状,本节尝试开展数字界面色彩的脑电实验,并探索与界面颜色相关的脑电成分和指标,以期在该领域能得到进一步突破。

### 4.6.2　实验方法

#### （ⅰ）被试者

本次实验选取了 25 名大学生,年龄在 20～30 岁之间,13 名男生,12 名女生。被试者均为右利手,且视力或矫正视力正常,均有多年图形设备使用经验。被试者在实验前需进行任务培训,熟悉任务流程及操作要求。实验在 ERP 实验室进行,被试者带好电极帽后舒适地坐在屏幕前,眼睛距屏幕 550～600 mm,实验中被试者的水平和垂直视角均控制在 2.3°内。

#### （ⅱ）实验程序

根据索昕煜[78]在色彩搭配研究中提出的色彩风格整体性、色彩设计均衡性、色彩调和和谐性和色彩对比强调性等原则,经过专家分类,将 80 个优劣差异明显的界面色彩设计方案实验样本分为两组,优劣界面色彩设计样本对比示意图如图 4-20 所示。优质样本 40 个、劣质样本 40 个,采用 Go-Nogo 的实验范式,将 80 个实验样本呈现给被试者,请被试者通过击键的方式做出评价。

实验过程为首先屏幕中央出现白色十字叉 1000 ms,随后出现测试的界面色彩设计样本,被试者根据直观的感受做出满意度评价,满意按"A"键,否则按"L"键,出现黑屏 1000 ms 消除视觉残留,进入下一个测试样本,80 个测试样本随机呈现。每次实验开始前有一个简单的练习供被试者熟悉实验过程,练习与实际测试中有短暂的休息时间,休息完毕后被试者按任意键进入正式实验,实验流程如图 4-21 所示。

#### （ⅲ）脑电信号记录

本次实验采用芬兰 Mega 公司开发的 NeurOne EEG/ERP 32 导系统。24 bit 高分辨率,滤波带通为 0～1000 Hz,采样频率为 4000 赫兹/导,电极与头皮接触电阻均小于 5 kΩ。参考电极(身体相对零电位的电极)置于双侧乳突(双耳突起)连线。接地电极(Ground)在 FPZ 和 FZ 连线的中点,记录垂直眼电,实验设备及电极位置分布如图 4-22 所示。

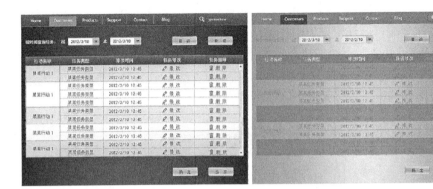

图 4-20　优劣色彩样本对比示意图

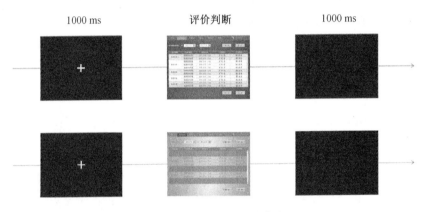

图 4-21　色彩样本实验范式

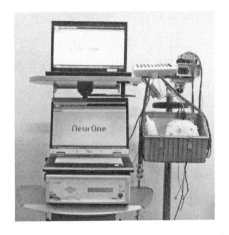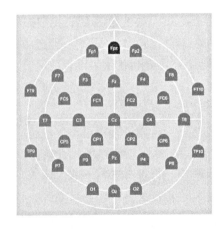

图 4-22　NeurOne 实验设备与电极位置分布

本次 ERP 实验数据分析采用了 Analyzer 软件,分析实验数据的步骤为:转换参考电极(TP9 和 TP10),运用 ICA 方法去除眼电伪迹(以 FP1 作为垂直眼电的参考),滤波(滤去快频/高频脑电波),去除小于 20% 的伪迹,依据 trigger 进行分段并完成基线校正和平均叠加工作。

## 4.6.3　脑电数据分析

本实验获取被试者对界面色彩的脑电反应,目的主要是用脑电手段评价界面色彩,行为数据中的反应时和准确率不是考察重点,且实验范式为 Go-Nogo 范式,因此,本实验不对被试者的行为数据进行分析,仅对脑电数据进行分析。

本次实验共采集 25 个样本,有效样本为 23 个。色彩界面填充样本的评价吻合度达到 91.25%,达到 60% 以上,样本分配合理,实验数据有效。

以测试色彩界面样本出现开始至 800 ms 作为脑电分段时间,结合 Grand Average 脑区激活图,选取视觉刺激脑区顶叶与枕叶区域,左侧(P3、P7、O1),中侧(PZ、OZ)和右侧(P4、P8、O2)等 8 个电极作为分析电极,根据 Grand Average 波形图特征,如图 4-23 所示,提取 N100、P200 作为分析电极对实验结果进行统计分析。实验数据分析过程中字母 S2 代表优质的数字界面,字母 S22 代表劣质的数字界面。

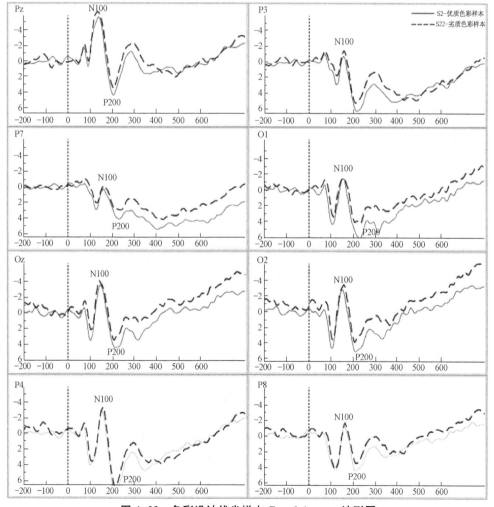

**图 4-23　色彩设计优劣样本 Grand Average 波形图**
(横坐标:时间/ms;纵坐标:波幅/μV)

（i）N100

针对 N100 成分，选取色彩样本出现 50～150 ms 时间段内的脑电波峰值进行统计分析，做 2（评价标准：优、劣）×3（区域：左侧、中部、右侧）的重复测量方差分析。测试数据详见表 4-17 所示。分析可得，区域具有显著效应（$F = 21.708$，$p = 0 < 0.05$），优劣与区域之间具有近似显著效应（$F = 3.363$，$p = 0.054 > 0.05$）。

表 4-17　色彩优劣×区域重复 ANOVA 的分析结果

| | 假设 $df$ | $F$ | $p$ | 偏 $\eta^2$ |
|---|---|---|---|---|
| 优劣 | 1 | 1.132 | 0.299 | 0.049 |
| 区域 | 2 | 21.708 | 0.000 | 0.674 |
| 优劣×区域 | 2 | 3.363 | 0.054 | 0.243 |

由于区域间存在显著效应，对左侧、中部、右侧 3 个位置的界面色彩优劣样本方案产生的峰值进行配对 $t$ 检验，结果发现，呈现色彩优劣样本时，中部均值的绝对值均显著大于左侧和右侧（优质：6.75 $\mu$V > 4.33 $\mu$V > 3.54 $\mu$V，$p_1 = 0.000 < 0.05$，$p_3 = 0.000 < 0.05$；劣质：7.18 $\mu$V > 4.22 $\mu$V > 4.18 $\mu$V，$p_1 = 0.000 < 0.05$，$p_3 = 0.000 < 0.05$），因此可以得出色彩样本激活的脑区是中部脑区，如表 4-18 所示。对中部区域的界面色彩优劣样本 N100 峰值进行配对 $t$ 检验（S2Pz-S22Pz、S2Oz-S22Oz），结果发现，Pz 电极位与 Oz 电极位均不能对色彩样本优劣产生显著效应，具体如表 4-19 所示。

表 4-18　色彩优劣样本在不同脑区 N100 峰值进行配对 $t$ 检验的分析结果

| 样本评价属性 | 左侧/$\mu$V | 中部/$\mu$V | 右侧/$\mu$V | $p_1$ （左-中） | $p_2$ （左-右） | $p_3$ （中-右） |
|---|---|---|---|---|---|---|
| 优质 | −3.54 | −6.75 | −4.33 | 0.000 | 0.137 | 0.000 |
| 劣质 | −4.18 | −7.18 | −4.22 | 0.000 | 0.931 | 0.000 |

表 4-19　中部脑区对色彩优劣配对进行 $t$ 检验的分析结果

| | 成对差分均值 | 成对差分标准差 | $t$ | $df$ | $p$ |
|---|---|---|---|---|---|
| S2Pz-S22Pz | 0.463 435 | 2.117 403 | 1.050 | 22 | 0.305 |
| S2Oz-S22Oz | 0.399 565 | 2.604 194 | 0.736 | 22 | 0.470 |

由于优劣与区域之间存在近似显著效应且激活脑区中部不存在优劣显著差异，因此，进一步对左侧、中部、右侧脑区色彩优劣样本产生的 N100 峰值分别进行配对 $t$ 检验（S2L-S22L、S2C-S22C、S2R-S22R），结果发现，左侧脑区优质样本峰值（$M = -3.54$，$SD = 3.26$）显著大于劣质样本峰值（$M = -4.18$，$SD = 3.67$），$t(22) = 2.349$，$p = 0.028 < 0.05$，$d = 0.49$，接近中等效应量。说明在左侧脑区对色彩优劣样本产生的 N100 峰值存在显著差异，具体如表 4-20 所示。

表 4-20  区域对色彩优劣样本配对 *t* 检验的分析结果

| | 成对差分均值 | 成对差分标准差 | $t$ | $df$ | $p$ |
|---|---|---|---|---|---|
| S2L-S22L | 0.642 19 | 1.310 87 | 2.349 | 22 | 0.028 |
| S2C-S22C | 0.431 50 | 1.931 34 | 1.071 | 22 | 0.296 |
| S2R-S22R | −1.0638 | 1.731 67 | −0.296 | 22 | 0.770 |

对具有显著优劣差异的左侧脑区 O1、P3、P7 分别进行优劣样本配对 *t* 检验（S2O1-S22O1、S2P3-S22P3、S2P7-S22P7），结果发现，P3 电极位优质样本峰值（$M = -4.16$，$SD = 3.61$）大于劣质样本峰值（$M = -4.93$，$SD = 3.97$），$t(22) = 2.021$，$p = 0.056 > 0.05$，差异显著。说明对于优劣样本产生的 N100 在左侧脑区显著，P3 电极位附近相对显著，具体如表 4-21 所示。

表 4-21  左侧脑区对色彩优劣样本配对 *t* 检验的分析结果

| | 成对差分均值 | 成对差分标准差 | $t$ | $df$ | $p$ |
|---|---|---|---|---|---|
| S2O1-S22O1 | 0.671 826 | 2.107 934 | 1.528 | 22 | 0.141 |
| S2P3-S22P3 | 0.771 130 | 1.829 763 | 2.021 | 22 | 0.056 |
| S2P7-S22P7 | 0.483 609 | 1.427 427 | 1.625 | 22 | 0.118 |

针对 N100 成分，选取图形样本出现 50～150 ms 时间段内的脑电波潜伏期进行统计分析，做 2（评价标准：优、劣）×3（区域：左侧、中部、右侧）的潜伏期重复测量方差分析。测试数据详见表 4-22 所示。分析可得，脑区之间潜伏期存在显著差异，$p = 0.021 < 0.05$，但是与色彩样本优劣差异关联不大，本实验不做进一步研究。

表 4-22  色彩优劣×区域 N100 潜伏期重复 ANOVA 的分析结果

| | 假设 $df$ | $F$ | $p$ |
|---|---|---|---|
| 优劣 | 1 | 0.016 | 0.901 |
| 区域 | 2 | 4.675 | 0.021 |
| 优劣×区域 | 2 | 0.428 | 0.657 |

**（ⅱ）P200**

针对 P200 成分，选取色彩界面填充方案样本出现 150～250 ms 时间段内的脑电波平均波幅进行统计分析，做 2（评价标准：优、劣）×3（区域：左侧、中部、右侧）的重复测量方差分析。测试数据详见表 4-23 所示。分析可得，优劣具有显著效应（$F = 6.793$，$p = 0.016 < 0.05$）。

表 4-23  优劣×区域 P200 峰值重复 ANOVA 的分析结果

| | 假设 $df$ | $F$ | $p$ | 偏 $\eta^2$ |
|---|---|---|---|---|
| 优劣 | 1 | 6.793 | 0.016 | 0.236 |
| 区域 | 2 | 5.509 | 0.012 | 0.344 |
| 优劣×区域 | 2 | 0.722 | 0.497 | 0.064 |

色彩优劣样本之间产生的 P200 峰值具有显著效应,且区域与优劣之间没有显著效应,对优劣样本产生的 P200 峰值的 8 个电极位分别进行配对 $t$ 检验(S2Pz-S22Pz、S2P3-S22P3、S2P7-S22P7、S2O1-S22O1、S2Oz-S22Oz、S2O2-S22O2、S2P4-S22P4、S2P8-S22P8),单个样本均值、标准差见表 4-24,配对 $t$ 检验的结果详见表 4-25。分析可得,在 P4 电极位处产生的峰值平均值最大,在 Pz、P8、O1、O2 4 个电极位色彩优劣设计样本产生的 P200 具有显著差异,均符合 $p < 0.05$,其中,O2 电极位优劣差异最为显著,$t(22) = 3.302$,$p = 0.003 < 0.05$,$d = 0.69$,属于中等效应量。

表 4-24　颜色单一优劣样本统计量

|  | $M$ | $SD$ |  | $M$ | $SD$ |
|---|---|---|---|---|---|
| S2Pz | 5.72 | 6.34 | S22Pz | 4.30 | 6.26 |
| S2P3 | 7.15 | 5.12 | S22P3 | 6.60 | 5.97 |
| S2P7 | 5.17 | 3.97 | S22P7 | 4.61 | 4.26 |
| S2O1 | 7.36 | 5.39 | S22O1 | 6.02 | 5.04 |
| S2Oz | 5.46 | 4.18 | S22Oz | 4.47 | 4.21 |
| S2O2 | 6.49 | 5.10 | S22O2 | 5.13 | 5.28 |
| S2P4 | 8.21 | 6.75 | S22P4 | 7.52 | 6.34 |
| S2P8 | 6.04 | 5.17 | S22P8 | 5.03 | 5.03 |

表 4-25　各电极色彩优劣样本 P200 峰值配对 $t$ 检验的分析结果

|  | 成对差分均值 | 成对差分标准差 | $t$ | $df$ | $p$ |
|---|---|---|---|---|---|
| S2Pz-S22Pz | 1.418 217 | 2.957 452 | 2.300 | 22 | 0.031 |
| S2P3-S22P3 | 0.545 739 | 2.527 216 | 1.036 | 22 | 0.312 |
| S2P7-S22P7 | 0.557 783 | 1.982 299 | 1.349 | 22 | 0.191 |
| S2O1-S22O1 | 1.339 913 | 2.033 599 | 3.160 | 22 | 0.005 |
| S2Oz-S22Oz | 0.984 174 | 2.379 123 | 1.984 | 22 | 0.600 |
| S2O2-S22O2 | 1.353 739 | 1.966 183 | 3.302 | 22 | 0.003 |
| S2P4-S22P4 | 0.689 478 | 2.619 580 | 1.262 | 22 | 0.220 |
| S2P8-S22P8 | 1.0153 48 | 1.901 256 | 2.561 | 22 | 0.018 |

区域间存在显著效应,对左侧、中部、右侧 3 个位置界面色彩优劣样本方案产生的峰值进行配对 $t$ 检验,结果发现,呈现色彩优劣样本时,右侧均值的绝对值显著大于中部(优质:6.91 $\mu V > 5.59 \mu V$,$p_3 = 0.026 < 0.05$;劣质:5.89 $\mu V > 4.39 \mu V$,$p_3 = 0.010 < 0.05$),说明色彩样本产生的 P200 激活的脑区是右侧脑区,具体如表 4-26 所示。

表 4-26　色彩优劣样本在不同脑区 P200 峰值配对 $t$ 检验的分析结果

| 样本评价属性 | 左侧/μV | 中部/μV | 右侧/μV | $p_1$<br>（左-中） | $p_2$<br>（左-右） | $p_3$<br>（中-右） |
|---|---|---|---|---|---|---|
| 优质 | 6.56 | 5.59 | 6.91 | 0.077 | 0.562 | 0.026 |
| 劣质 | 5.74 | 4.39 | 5.89 | 0.005 | 0.816 | 0.010 |

针对 P200 成分,选取色彩样本出现 150~250 ms 时间段内的脑电波潜伏期进行统计分析,做 2(评价标准:优、劣)×3(区域:左侧、中部、右侧)的潜伏期重复测量方差分析。测试数据详见表 4-27 所示。分析可得,所有变量之间均没有显著差异,$p$ 值均大于 0.05。

表 4-27　色彩优劣×区域 P200 潜伏期重复 ANOVA 的分析结果

| | 假设 $df$ | $F$ | $p$ |
|---|---|---|---|
| 优劣 | 1 | 0.596 | 0.448 |
| 区域 | 2 | 1.611 | 0.224 |
| 优劣×区域 | 2 | 3.132 | 0.065 |

## 4.6.4　结果讨论

由色彩设计界面优劣评价实验可得,色彩设计界面评价产生 N100、P200 成分,针对色彩设计界面评价实验,可以得知,用户产生 N100 表明受色彩设计界面样本刺激后产生视觉注意,进行色彩设计界面优劣评价判断,越趋向于正值表示界面方案越优。P3 电极附近存在显著差异,如图 4-24 所示。

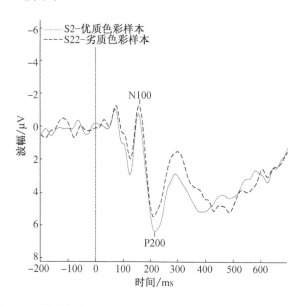

图 4-24　优劣色彩样本 N100 成分 P3 电极脑电波形对比示意图

色彩设计界面样本刺激产生的 P200 成分在优劣样本间差异显著,Pz、O1、O2 与 P8 电极在色彩优劣样本之间差异均显著,其中 O2 电极差异最为显著,如图 4-25 所示,脑地形图如图 4-26 所示。

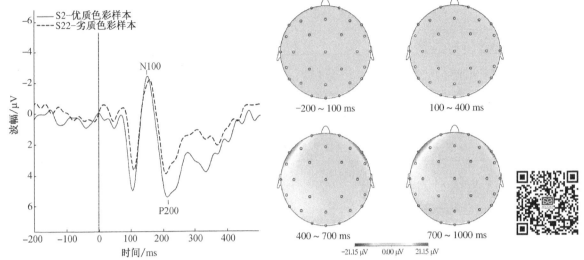

图 4-25　色彩优劣样本 P200 成分 O2 电极脑电波形对比示意图　　　　图 4-26　色彩设计界面样本脑地形图示意图

### 4.6.5　实验结论及其对界面设计的指导意义

基于事件相关电位技术,采用 Go-Nogo 实验范式,研究数字界面的配色评价,脑电实验结论如下:

(1) 在人机交互数字界面色彩设计评价过程中,优劣样本之间,N100 成分在顶叶左侧 P3 电极附近有显著波幅差异;P200 成分在枕叶右侧 O2 电极附近有显著波幅差异。

(2) 相比较劣质配色的界面样本,优质样本产生的 N100 波幅更小,因此,N100 波幅大小和配色质量的高低呈负相关。

(3) 相比较劣质配色的界面样本,优质样本产生的 P200 波幅更大,因此,P200 波幅大小和配色质量的高低呈正相关。

实验结论对界面设计的指导意义如下:

通过完成的脑电色彩实验,可以发现 N100 和 P200 对界面色彩具有比较显著的变化,可以很好地对界面色彩的设计进行有效测量,且潜伏期在 100～200 ms 范围内,界面色彩变化敏感,该结论可作为其设计优劣的测评依据和设计参考。

## 4.7　不同字间距的视觉搜索脑电实验

### 4.7.1　实验前综述

字间距相较于行间距属于文字排版的更细节部分,容易被设计者所忽略。在界面设计中,过于紧凑的字间距会造成认知困难,而过宽的字间距又会造成视觉扫视距离的增大,弱化语义的联系。有效的字间距可以吸引用户注意力,提升内容的可读性,阐述文字元素之间的关系。因此研究字间距变化的影响能够为文本阅读的界面设计提供指导。

本实验采用脑电研究方法,通过对行为数据的记录比较不同字间距对用户视觉搜索的反应时和准确率的影响。脑电数据测量当字间距属性改变时,人脑获得的刺激与产生的生理反馈都会产生变化。选取脑电波峰值、潜伏期与脑区进行研究分析,得出由字间距的变化引起的脑电指标变化规律,同时对比脑电指标变化与行为数据的映射关系。

在界面设计中,字间距的设定依赖于字体大小,字间距 $S=nW$($W$ 为字体大小)。此实验中主要设定了 6 种字间距:0 W、0.2 W、0.4 W、0.6 W、0.8 W、1 W。以微软雅黑 36 px 为例,实验素材效果见图 4-27。

N200 为文字视觉加工的相关成分,人在阅读中文词后约 200 ms,会出现一种以脑顶、中部为中心,分布广泛的脑电波。它不仅与词形加工相关,也受词汇加工及词汇重复的影响,但不受语义影响。

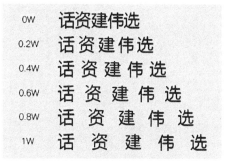

图 4-27　字间距素材示例

## 4.7.2　实验方法

### (i) 被试者

被试者为东南大学 21 名在校学生(男生 11 名、女生 10 名),年龄在 20~25 岁之间,被试者均为右利手,视力或矫正视力在 1.0 及以上,无色盲或色弱,无精神疾病史和大脑创伤。

### (ii) 实验任务

在光线适宜的安静实验室内,被试者双眼注视屏幕中心点,眼睛距屏幕 500~600 mm,实验中图片的水平和垂直视角控制在 2.3°以内。图 4-28 为实验流程图:实验开始后,被试者需要熟悉实验流程,操作指导语呈现在显示器界面上,被试者按实验要求做练习实验,练习实验与正式实验的流程一致。正式实验开始后,屏幕显示视觉中心,1000 ms 后显示一个需要搜索的字,被试者需记住该字;接着显示一组 5 个文字,被试者需搜索与刚才所记住的字相同的文字,并快速做出反应,按下位置对应的数字按键 1、2、3、4 或 5;操作结束后重新显示视觉中心图片,进入下一个任务。

在本实验中,字间距根据字号进行设置,选取了行为实验中被试者反应最好的微软雅黑 36 px,采用不同字间距的文字组作为刺激对象,共 6 组(字间距:0 W、0.2 W、0.4 W、0.6 W、0.8 W、1 W,W=36 px)不同实验刺激,每种刺激呈现 30 次。为防止目标字的位置对用户反应时的影响,实验图片的出现呈伪随机,目标刺激出现在 5 个位置的概率相同。

## 4.7.3　行为数据分析

实验中行为数据主要记录被试者的反应时和准确率。对被试者的反应时进行了预处理,剔除异常数据。反应时及准确率体现了被试者在对不同字间距文字进行视觉搜索时的

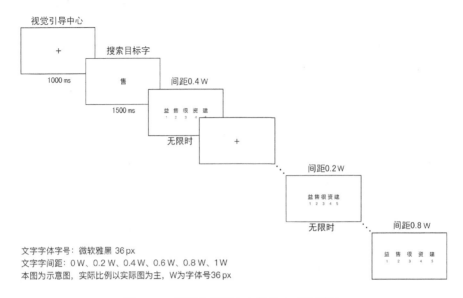

文字字体字号：微软雅黑 36 px
文字字间距：0 W、0.2 W、0.4 W、0.6 W、0.8 W、1 W
本图为示意图，实际比例以实际图为主，W为字体号36 px

**图 4-28　不同字间距文字搜索实验流程图**

认知绩效。

6种字间距的反应时为 0 W（1024. 252 ms）＞1 W（1008. 706 ms）＞0. 4 W（998.782 ms）＞0. 6 W（998. 575 ms）＞0. 8 W（989. 960 ms）＞0. 2 W（971. 676 ms）。准确率相差较小，0. 8 W（0. 980 23）＞0. 4 W（0. 980 20）＞0. 6 W（0. 978 37）＞0. 2 W（0. 978 33）＞0 W（0. 978 08）＞1 W（0. 976 90），见表4-28。

**表 4-28　不同字间距视觉搜索反应时和准确率的均值**

| 字间距 | N | 反应时均值/ms | 反应时标准差/ms | 准确率均值/% | 准确率标准差/% |
|---|---|---|---|---|---|
| 0 W | 21 | 1024. 252 | 308. 964 | 0. 978 08 | 0. 145 241 |
| 0. 2 W | 21 | 971. 676 | 283. 063 | 0. 978 33 | 0. 145 714 |
| 0. 4 W | 21 | 998. 782 | 286. 898 | 0. 980 20 | 0. 139 434 |
| 0. 6 W | 21 | 998. 574 | 295. 941 | 0. 978 37 | 0. 145 595 |
| 0. 8 W | 21 | 989. 960 | 284. 664 | 0. 980 23 | 0. 139 322 |
| 1 W | 21 | 1008. 706 | 286. 015 | 0. 976 90 | 0. 150 353 |
| 总计 | 126 | 998. 693 | 291. 298 | 0. 978 75 | 0. 144 227 |

由行为数据可知，过小间距辨识困难，过大间距造成扫视距离增加，都会造成反应时的增加和准确率的降低。

对反应时和准确率进行相关性分析，确定二者是否存在线性相关关系。相关性分析结果显示，反应时与准确率呈正相关关系，即反应时越快，准确率越高，相关系数为 0. 296。$p$ 值为 0. 001，小于 0. 1，相关性显著，见表4-29。

表 4-29　不同字间距视觉搜索反应时和准确率的相关性

| | | 反应时 | 准确率 |
|---|---|---|---|
| 反应时 | Pearson 相关性 | 1 | 0.296** |
| | 显著性（双侧） | | 0.001 |
| | N | 126 | 126 |
| 准确率 | Pearson 相关性 | 0.296** | 1 |
| | 显著性（双侧） | 0.001 | |
| | N | 126 | 126 |

注：** 代表在 0.01 水平（双侧）上显著相关。

针对反应时做重复测量方差分析，可知字间距的主效应显著，$F=3.894$，$p=0.003<0.05$。对 6 种字间距做两两配对 $t$ 检验，得出 0 W 和 0.2 W 组，0.4 W 和 0.2 W 组，1 W 和 0.2 W 组和 0 W 和 0.8 W 组间差异显著，前者反应时大于后者，其余配对组间差异不显著，见表 4-30。

表 4-30　字间距反应时方差分析

| 源 | | Ⅲ型平方和 | $df$ | 均方 | $F$ | $Sig.$ |
|---|---|---|---|---|---|---|
| 字间距 | 采用的球形度 | 33 376.659 | 5 | 6675.332 | 3.894 | 0.003 |
| | Greenhouse-Geisser | 33 376.659 | 4.104 | 8132.923 | 3.894 | 0.006 |
| | Huynh-Feldt | 33 376.659 | 5.000 | 6675.332 | 3.894 | 0.003 |
| | 下限 | 33 376.659 | 1.000 | 33 376.659 | 3.894 | 0.062 |

针对准确率做重复测量方差分析，可知字间距的主效应不显著，$F=0.064$，$p=0.997$。

## 4.7.4　脑电数据分析

脑电记录从搜索图片出现时开始，按照前 200 ms 到后 600 ms 进行分段。根据 N200 相关参考文献及脑区激活图 5-7 可知，N200 潜伏期在 200 ms 左右，且分布广泛。因此本实验选取顶区及颞叶区的电极 P3、P4、PZ、POZ、P7、P8 6 个电极作为参考电极，选取 150～280 ms 的平均波幅及潜伏期进行分析。

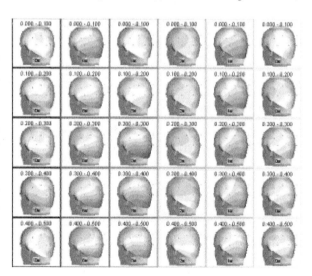

图 4-29　N200 脑区激活图

**（ⅰ）N200 波幅研究**

针对 N200 成分，首先对其波幅进行分析，各间距水平平均波幅绝对值为 0.6 W（1.9797 $\mu$V）＞0.8 W（1.7632 $\mu$V）＞0.4 W（1.6542 $\mu$V）＞1 W（1.4790 $\mu$V）＞0.2 W（1.4602 $\mu$V）＞0 W（1.1032 $\mu$V）。间距较大的 N200 平均幅值较高，间距较小的平均幅值较低，见

表 4-31。

表 4-31　不同字间距 N200 波幅平均值

| 字间距 | 均值 | N | 标准差 |
|---|---|---|---|
| 0 W | −1.1032 | 21 | 0.922 59 |
| 0.2 W | −1.4602 | 21 | 1.325 71 |
| 0.4 W | −1.6542 | 21 | 1.277 11 |
| 0.6 W | −1.9797 | 21 | 1.526 70 |
| 0.8 W | −1.7632 | 21 | 1.814 06 |
| 1 W | −1.4790 | 21 | 1.203 72 |
| 所有间距 | −1.5732 | 126 | 1.390 71 |

针对波幅做 6(字间距:0 W、0.2 W、0.4 W、0.6 W、0.8 W、1 W)×6(电极:P3、P4、PZ、P7、P8、POZ)重复测量方差分析,可知字间距的主效应不显著,$F=2.058$,$p=0.088$,电极的主效应显著,$F=4.602$,$p=0.002<0.05$,两者交互作用显著,$F=1.916$,$p=0.007<0.05$,见表 4-32。

表 4-32　字间距 N200 波幅方差分析

| 源 | | Ⅲ型平方和 | $df$ | 均方 | $F$ | $Sig.$ |
|---|---|---|---|---|---|---|
| 字间距 | 采用的球形度 | 27.026 | 5 | 5.405 | 2.058 | 0.088 |
| | Greenhouse-Geisser | 27.026 | 2.591 | 10.432 | 2.058 | 0.140 |
| | Huynh-Feldt | 27.026 | 3.730 | 7.246 | 2.058 | 0.112 |
| | 下限 | 27.026 | 1.000 | 27.026 | 2.058 | 0.185 |
| 电极 | 采用的球形度 | 68.373 | 5 | 13.675 | 4.602 | 0.002 |
| | Greenhouse-Geisser | 68.373 | 2.415 | 28.317 | 4.602 | 0.017 |
| | Huynh-Feldt | 68.373 | 3.363 | 20.332 | 4.602 | 0.007 |
| | 下限 | 68.373 | 1.000 | 68.373 | 4.602 | 0.061 |
| 字间距×电极 | 采用的球形度 | 24.177 | 25 | 0.967 | 1.916 | 0.007 |
| | Greenhouse-Geisser | 24.177 | 5.352 | 4.517 | 1.916 | 0.105 |
| | Huynh-Feldt | 24.177 | 14.124 | 1.712 | 1.916 | 0.030 |
| | 下限 | 24.177 | 1.000 | 24.177 | 1.916 | 0.200 |

由于交互作用显著,开展间距在电极多水平上的简单效应分析,得出间距在 P3、PZ、P7、P8 电极上简单效应显著,值分别为 $F=2.56$,$p=0.04<0.05$;$F=3.84$,$p=0.006<$

$0.05$；$F=6.16$，$p<0.0005$；$F=3.33$，$p=0.012<0.05$。字间距波幅受电极水平的影响，如图4-30和图 4-31 所示。

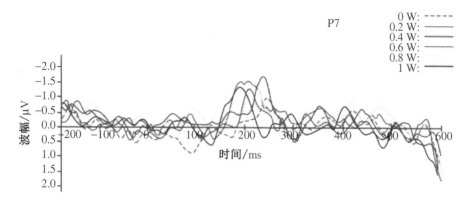

**图 4-30　P7 电极不同字间距 N200 波幅对比图**

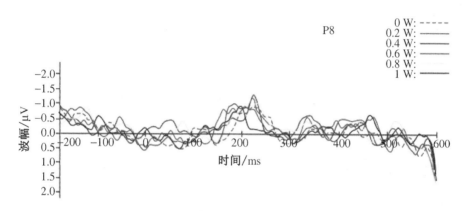

**图 4-31　P8 电极不同字间距 N200 波幅对比图**

将 6 个电极分为顶区（P3、P4、PZ、POZ）及后颞区（P7、P8），做 6（字间距：0 W、0.2 W、0.4 W、0.6 W、0.8 W、1 W）×2（脑区：顶区、后颞区）的重复测量方差分析，可知字间距无显著效应，$F=1.945$，$p=0.106$，脑区主效应显著，$F=7.993$，$p=0.020<0.05$，两者交互作用显著，$F=2.429$，$p=0.049<0.05$，见表 4-33。由图 4-32 可知，字间距各水平上后颞区的波幅绝对值显著大于顶区波幅绝对值。

**表 4-33　字间距×脑区 N200 波幅方差分析**

| 源 | 方差分析 | Ⅲ型平方和 | $df$ | 均方 | $F$ | $Sig.$ |
|---|---|---|---|---|---|---|
| 字间距 | 采用的球形度 | 11.137 | 5 | 2.227 | 1.945 | 0.106 |
| | Greenhouse-Geisser | 11.137 | 2.913 | 3.823 | 1.945 | 0.148 |
| | Huynh-Feldt | 11.137 | 4.458 | 2.498 | 1.945 | 0.115 |
| | 下限 | 11.137 | 1.000 | 11.137 | 1.945 | 0.197 |

（续表）

| 源 | 方差分析 | Ⅲ型平方和 | $df$ | 均方 | $F$ | $Sig.$ |
|---|---|---|---|---|---|---|
| 脑区 | 采用的球形度 | 20.667 | 1 | 20.667 | 7.993 | 0.020 |
| | Greenhouse-Geisser | 20.667 | 1.000 | 20.667 | 7.993 | 0.020 |
| | Huynh-Feldt | 20.667 | 1.000 | 20.667 | 7.993 | 0.020 |
| | 下限 | 20.667 | 1.000 | 20.667 | 7.993 | 0.020 |
| 字间距×脑区 | 采用的球形度 | 4.015 | 5 | 0.803 | 2.429 | 0.049 |
| | Greenhouse-Geisser | 4.015 | 3.342 | 1.201 | 2.429 | 0.079 |
| | Huynh-Feldt | 4.015 | 5.000 | 0.803 | 2.429 | 0.049 |
| | 下限 | 4.015 | 1.000 | 4.015 | 2.429 | 0.154 |

由于交互作用显著，开展字间距在脑区两水平上的简单效应分析，得出字间距在顶区及后颞区的简单效应均显著，$F=4.83$，$p=0.001<0.05$，$F=3.06$，$p=0.019<0.05$。

针对后颞区 P7、P8 电极进行不同字间距的配对 $t$ 检验，由结果可知，在不同字间距水平上，间距为 0.2 W 时，两电极间存在显著差异，P8 波幅绝对值大于 P7，其他水平在 F7、F8 上的波幅绝对值无较大差异，见表 4-34。因此，文字字间距的实验主要激发了后颞区的 N200，且各电极间无差异。

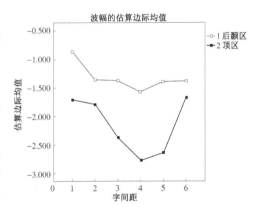

**图 4-32　波幅估算均值图**

**表 4-34　字间距在不同电极水平上的配对 $t$ 检验**

| | | 成对差分 | | | | | | | |
|---|---|---|---|---|---|---|---|---|---|
| | | 均值 | 标准差 | 均值标准误 | 差分的 95% 置信区间 | | $t$ | $df$ | $Sig.$（双侧） |
| | | | | | 下限 | 上限 | | | |
| 对 1 | 间距 1P7～间距 1P8 | −0.286 000 | 1.237 688 | 0.391 391 | −1.171 389 | 0.599 389 | −0.731 | 9 | 0.484 |
| 对 2 | 间距 2P7～间距 2P8 | 0.715 000 | 0.962 234 | 0.304 285 | 0.026 659 | 1.403 341 | 2.350 | 9 | 0.043 |
| 对 3 | 间距 3P7～间距 3P8 | −0.671 000 | 1.621 929 | 0.512 899 | −1.831 258 | 0.489 258 | −1.308 | 9 | 0.223 |
| 对 4 | 间距 4P7～间距 4P8 | −0.136 000 | 1.366 660 | 0.432 176 | −1.113 650 | 0.841 650 | −0.315 | 9 | 0.760 |
| 对 5 | 间距 5P7～间距 5P8 | 0.134 000 | 1.356 435 | 0.428 942 | −0.836 335 | 1.104 335 | 0.312 | 9 | 0.762 |
| 对 6 | 间距 6P7～间距 6P8 | −1.004 000 | 2.535 404 | 0.801 765 | −2.817 718 | 0.809 718 | −1.252 | 9 | 0.242 |

**(ii) N200 潜伏期研究**

各间距水平平均潜伏期为 0.6 W(0.2085 s)＞0.8 W(0.2063 s)＞0.2 W(0.2062 s)＞0.4 W(0.2045 s)＞0 W(0.2042 s)＞1 W(0.1987 s)，见表 4-35。

表 4-35　不同字间距 N200 潜伏期平均值

| 间距 | 均值 | N | 标准差 |
| --- | --- | --- | --- |
| 0 W | 0.2042 | 60 | 0.031 195 |
| 0.2 W | 0.2062 | 60 | 0.031 059 |
| 0.4 W | 0.2045 | 60 | 0.034 484 |
| 0.6 W | 0.2085 | 60 | 0.029 284 |
| 0.8 W | 0.2063 | 60 | 0.033 993 |
| 1 W | 0.1987 | 60 | 0.034 407 |
| 所有间距 | 0.2047 | 360 | 0.032 382 |

针对潜伏期做 6(字间距：0 W、0.2 W、0.4 W、0.6 W、0.8 W、1 W)×6(电极：P3、P4、PZ、P7、P8、POZ)重复测量方差分析。由结果可知，字间距主效应不显著，$F=0.372$，$p=0.865$，电极位置具有显著效应，$F=2.982$，$p=0.021<0.05$，两者无显著交互效应，$F=0.927$，$p=0.568$。

## 4.7.5　结果讨论

(1) 字体与字号均会对文字的可视性产生显著影响。从字体来看，线条较细且无变化的字可视性较高；从字号来看，越小的字体可读性越差，但是当字体过大时，反应时也会增加。

(2) 在 20～32 px 字中，幼圆反应时均快于其他字体，在 36～40 px 字中，雅黑反应时均快于其他字体。由此可知，线条变化较少字体的可视性较好，另外，较为纤细的字体适合应用于较小字，而线条较粗的字体适合应用于大号字。

(3) 在字间距设计中，过小或过大的字间距都会造成文字搜索的反应时延长和错误率提高。过小的字间距使文字过于紧密，难以区分；过大的字间距增加了扫视距离，削弱了文字间的连贯性。

(4) 在不同字间距的文字搜索任务中，字形的加工激发了顶区及后颞区的 N200，且在后颞区更为活跃。

(5) 字间距适宜的任务激发的 N200 波幅绝对值更大，潜伏期更长，可能是由于字间距适宜时更容易搜索到目标字，产生字形的重复效应，使潜伏期推迟，波幅增加。

## 4.7.6　实验结论及其对界面设计的指导意义

在文字研究的实验中，行为实验主要研究了字体与字号对界面文字可视性的影响，研究结果表明字体和字号的交互作用显著，因此将字体与字号进行配套研究具有一定的理论意义。由研究结果看并非某类字体或某种字号的可视性就一定好,字体和字号间需要匹配得当。粗黑字体和线条变化较多的字体适宜用于大号的标题字,不宜使用过小字号;当字号较小时,应采用纤细的无变化字体,以增强文本可视性。

在脑电实验中主要研究了字间距对界面文字视觉搜索的影响,在实验后对产生的P150、N200、N400等成分进行了分析,但字间距时于P150、N400两成分的差别较小,最终确定N200作为主要研究的脑电成分。实验主要激发了顶区与后颞区的N200,并且后颞区的波幅绝对值显著高于顶区。因此将P7、P8电极作为波幅的重点研究电极,不同字间距的波幅差异较为明显。文字脑电评价方法见表4-36。

表4-36 文字脑电评价方法

| 实验类别 | 研究对象 | 脑电成分 | 研究指标 | 评价标准 |
| --- | --- | --- | --- | --- |
| 脑电实验 | 文字字间距 | N200 | 波幅 | N200幅值较大的字间距更加适宜使用,字体易于辨认 |
| | | | 潜伏期 | 各类字间距潜伏期差别较小,N200潜伏期较长的字间距更适宜使用 |
| | | | 脑区 | 顶区及后颞区与文字认知相关,后颞区波幅更大,更为活跃,即与字形加工关联更紧密 |

# 4.8  本章小结

本章首先对数字界面可用性评估的ERP实验过程进行了研究,并对数字界面元素的解构、处理和搜集过程进行了分析,随后基于事件相关电位技术对图标记忆、导航栏选择性注意、界面配色、文字等数字界面元素进行了一系列脑电实验,获取了用户对数字界面元素认知的神经生理学证据和相关脑电指标,并根据获得的实验结论,为数字界面设计提出了科学的指导建议,为下文数字界面脑电实验评价方法的提出奠定了基础。

# 第5章　数字界面可用性的脑电实验评价方法

## 5.1　引言

目前,数字界面的评价方法分类较多,从评价指标数量上分,可针对具体对象采取不同数量的指标进行评价;从评价指标的性质上分,可从定性和定量角度进行评价;从评价方法的主要基点上分,大体可分为4类:基于专家知识的主观评价方法、基于统计数据的客观评价方法、基于系统模型的综合评价方法和基于设备技术的生理评价方法[146]。

本文主要采取基于设备技术的生理评价方法,运用ERP脑电实验对数字界面进行评价,根据前一章所开展的数字界面元素的脑电实验,对数字界面元素的脑电评价指标进行了阈值分析,基于脑电阈值分析了界面设计推荐形式,并提出了基于脑电实验的数字界面的整体评价法和局部评价法。

## 5.2　数字界面元素可用性的脑电评价指标

前一章节中,对图标、导航栏、色彩和多通道等数字界面的元素进行了一系列脑电实验,并获取了数字界面各元素的脑电指标,现对数字界面元素的脑电生理指标和评价原则总结如下:在图标记忆过程中,P200和P300为典型脑电成分,在额中央和顶叶区域存在显著性差异;在导航栏选择性注意过程中,P200和N400为典型脑电成分,在顶枕左侧和额颞右侧存在显著差异;在界面色彩评价过程中,N100和P200在顶叶左侧和枕叶右侧存在显著变化;在视听双通道报警提示过程中,P100在额颞右侧存在显著差异。评价原则是通过实验获得的各指标成分的波幅、潜伏期和脑区电位的特征变化总结而得到的,详情见表5-1所示。

**表5-1　数字界面元素ERP实验的脑电生理指标和评价原则**

| 数字界面元素脑电实验 | 实验范式 | 典型脑电成分 | 最大波幅差电极 | 具体脑区 | 评价原则 |
|---|---|---|---|---|---|
| 图标记忆 | 改进的失匹配任务范式 | P300 | PZ、P3 | 顶叶区域 | PZ、P3电极P300波幅越大,说明图标记忆任务越困难 |
| | | P200 | FCZ、FZ | 额中央区域 | FCZ、FZ电极P200潜伏期出现越晚,说明图标记忆任务越困难 |

| 数字界面元素<br>脑电实验 | 实验范式 | 典型脑<br>电成分 | 最大波幅<br>差电极 | 具体<br>脑区 | 评价原则 |
|---|---|---|---|---|---|
| 导航栏选择<br>性注意 | 串行失匹<br>配范式 | P200 | PO3 | 顶枕左侧 | PO3 电极 P200 波幅越大,说明导航<br>栏选择性注意范围越广 |
| | | N400 | FT8 | 额颞右侧 | FT8 电极 N400 潜伏期出现越早,说<br>明导航栏选择性注意干扰项越多 |
| 界面色彩评价 | Go-Nogo 范式 | N100 | P3 | 顶叶左侧 | P3 电极 N100 波幅趋向于正值的界<br>面为较优质样本 |
| | | P200 | O2 | 枕叶右侧 | O2 电极 P200 波幅越大的界面为较<br>优质样本 |
| 视听双通道<br>报警提示 | 改进的视听跨通<br>道空间注意范式 | P100 | FT8 | 额颞右侧 | FT8 电极 P100 潜伏期出现越早,外<br>界声音刺激频率越大 |

从表中可以看出,所选脑电指标主要为早期脑成分指标,后期晚成分波涉及较少,原因是晚成分波在时间周期上会牵扯到用户的多重认知和理解,是一种复合波,需要抽离出来进行单独分析和处理,在后期的实验和研究中,将对晚成分波进行深入探索。

## 5.3 数字界面元素与脑电成分的阈值分析

### 5.3.1 数字界面元素在脑电实验中的阈值分析

数字界面元素的阈值,是以界面元素作为刺激物,当刺激物达到一定强度并引起脑电波幅的显著差异时,这种刚刚能引起脑电波波幅显著差异的最小刺激量,称为数字界面元素在脑电实验中的阈值。

将刺激量和具有显著差异的脑电波幅假设为 $y = f(a, b)$ 的函数关系,刺激量作为自变量 $a$ 和 $b$ 的值,具有显著差异的脑电波幅作为因变量 $y$ 的值,自变量 $a$ 和 $b$ 必须在函数的定义域内,因变量 $y$ 才有确定的值,那么函数的定义域就是自变量 $a$ 和 $b$ 的阈值。根据本书开展的数字界面元素可用性脑电评价实验,对数字界面的图标、导航栏和界面配色等元素进行阈值分析。

在图标记忆 ERP 实验研究中,图标的阈值分析主要指时间压力和图标数量的阈值,结果发现,只有 3 个和 5 个图标分别在 2000 ms 和 4000 ms 的时间压力下,脑电波存在显著差异;视觉选择性注意 ERP 实验研究中,导航栏的阈值分析主要指可用激活图标数量的阈值,结果发现,只有 3 个和 4 个可用激活图标时,脑电波存在显著差异;颜色评价的 ERP 实验研究中,配色的阈值分析主要指优劣配色的阈值,结果发现,实验设计的优劣样本间,脑电波存在显著差异。数字界面元素的脑电阈值分析表,如表 5-2 所示。

表 5-2　数字界面元素脑电阈值分析表

表 5-2　数字界面元素脑电阈值分析表

| 阈值分析 | 界面元素 | | |
|---|---|---|---|
| | 图标 | 导航栏 | 配色 |
| ERP 实验内容 | 图标记忆实验 | 视觉选择性注意实验 | 颜色评价 |
| 自变量 $(a, b)$ | （时间压力，图标数量） | （可用激活图标数量） | （优劣配色） |
| 自变量 $a$ 的维度 | 4000 ms，2000 ms | 1 个，2 个，3 个，4 个 | 2 个维度：优、劣 |
| 自变量 $b$ 的维度 | 3 个，5 个，10 个 | 无，单变量 | 无，单变量 |
| 因变量 $y$ | 显著脑电波幅差异 | 显著脑电波幅差异 | 显著脑电波幅差异 |
| $a$ 的阈值 | 2000 ms 和 4000 ms | 3 个和 4 个 | 优劣配色 |
| $b$ 的阈值 | 3 个和 5 个 | 无，单变量 | 无，单变量 |

## 5.3.2　脑电信号在界面可用性评估过程中的阈值分析

在界面可用性脑电评估过程中，不同质量的界面会产生不同的脑电信号，且波形趋向一致，但存在幅度（波幅）和时间出现次序（潜伏期）的差异，通过对波幅和潜伏期进行数值具体化，提取波幅和潜伏期之间的差异百分比来作为引起优劣界面质变的刺激物。

脑电信号的阈值，是以脑电信号的波幅或潜伏期作为刺激物，当不同界面的实验样本产生的脑电信号的波幅或潜伏期的差异百分比达到一定强度，且引起界面可用性的优劣质变时，这种刚刚能引起界面可用性优劣质变的最小差异百分比，称为脑电信号在界面可用性评估过程中的阈值。

将波幅或潜伏期的差异百分比和界面优劣质变假设为 $r = f(m, n)$ 的函数关系，波幅或潜伏期的差异度为自变量 $m$ 和 $n$ 的值，界面优劣质变作为因变量 $r$ 的值，自变量 $m$ 和 $n$ 必须在函数的定义域内，因变量 $r$ 才有确定的值，那么函数的定义域就是自变量 $m$ 和 $n$ 的阈值。根据前文开展的脑电实验，对脑电信号在图标、导航栏和配色等界面可用性评估过程中进行阈值分析，脑电信号在界面可用性评估过程中的阈值分析如表 5-3 所示。

表 5-3　脑电信号在界面可用性评估过程中的阈值分析

| 阈值分析 | 界面元素 | | | | | |
|---|---|---|---|---|---|---|
| | 图标 | | 导航栏 | | 配色 | |
| ERP 实验内容 | 图标记忆实验 | | 视觉选择性注意实验 | | 颜色评价 | |
| 自变量 $(m, n)$ | （波幅） | | （波幅，潜伏期） | | （波幅） | |
| 界面元素阈值 $a$ | 2000 ms 和 4000 ms | | 3 个和 4 个 | | 优劣配色 | |
| 界面元素阈值 $b$ | 3 个和 5 个 | | 无 | | 无 | |
| 脑区位置 | 顶叶中央 | 额中央 | 顶枕左侧 | 额颞右侧 | 顶叶左侧 | 枕叶右侧 |
| 脑电电极 | PZ | FCZ | PO3 | FT8 | P3 | O2 |
| 脑电成分 | P300 | P200 | P200 | N400 | N100 | P200 |
| 优质情况时的波幅值 | 2.281 μV | 0.578 μV | 5.719 μV | 不考察 | 4.160 μV | 6.490 μV |
| | 1.364 μV | 0.082 μV | 5.180 μV | | 4.930 μV | 5.130 μV |

| 阈值分析 | 界面元素 | | | | | |
|---|---|---|---|---|---|---|
| | 图标 | | 导航栏 | | 配色 | |
| 优劣质变时潜伏期值 | 不考察 | | 不考察 | 342 ms | 不考察 | |
| | | | | 330 ms | | |
| $m$（波幅）的阈值 | 67% | 6% | 10% | 不考察 | −16% | 27% |
| $n$（潜伏期）的阈值 | 不考察 | | 不考察 | 4% | 不考察 | |
| 备注 | 优质情况进行了加粗显示 | | | | | |

脑电信号在图标记忆 ERP 实验中的阈值，主要指脑电成分波幅差异度的阈值，结果发现：(1)在顶叶中央 PZ 电极区域，不同条件下，P300 成分的波幅差大于或等于 67% 时存在界面图标的优劣质变；(2)在额中央 FCZ 电极区域，不同条件下，P200 成分的波幅差大于或等于 6% 时存在界面图标的优劣质变。

脑电信号在导航栏选择性注意实验中的阈值，主要指脑电成分波幅和潜伏期差异度的阈值，结果发现：(1)在顶枕左侧 PO3 电极区域，不同条件下，P200 成分的波幅差大于或等于 10% 时，存在界面导航栏的优劣质变；(2)在额颞右侧 FT8 电极区域，不同条件下，N400 成分的潜伏期差大于或等于 4% 时，存在界面导航栏的优劣质变。

脑电信号在优劣配色 ERP 实验中的阈值，主要指脑电成分波幅差异度的阈值，结果发现：(1)在顶叶左侧 P3 电极区域，不同条件下，N100 成分的波幅差大于或等于 16% 时，存在界面配色的优劣质变；(2)在枕叶右侧 O2 电极区域，不同条件下，P200 成分的波幅差大于或等于 27% 时，存在界面配色的优劣质变。

### 5.3.3 基于阈值分析的界面设计推荐形式

脑电信号在界面可用性评估过程中，$m$（波幅）的 5 个阈值分别为 67%、6%、10%、−16% 和 27%，$n$（潜伏期）的 1 个阈值为 4%。结合具体设计评估和应用，对阈值解释如下：

(1) 67% 和 6%。在图标认知和可用性评估中，如果两款不同图标的 PZ 电极的 P300 波幅差大于或等于 67%，或 FCZ 电极的 P200 的波幅差大于或等于 6%，即可判定脑电波幅大的图标认知负荷较大，可理解度和易记忆性较差。

如图 5-1 所示，在对图(a)和图(b)中的图标进行图标记忆的脑电实验后，发现图(a)中所有图标的 P300 平均波幅要比图(b)中图标 P300 的波幅大 71%，大于图标可用性的脑电波幅阈值 67%，因此，优先选取图(b)中图标作为设计推荐形式。经过专家调研分析也发现：图(a)中的图标图形比较复杂难辨，含义不明确，而图(b)中的图标简洁明了，识别速度快，可有效提高图标/图形的认知绩效，易于实现用户的长期记忆。

(2) 10% 和 4%。在导航栏选择性注意和可用性评估中，如果两款不同导航栏的 PO3 电极的 P200 波幅差大于或等于 10%，即可判定脑电波幅小的导航栏用户认知和决策更加迅速；如果 FT8 电极的 N400 的潜伏期差大于或等于 4%，即可判定脑电潜伏期出现越晚的

**图 5-1　图标的设计形式**

导航栏,导航栏的视觉干扰项越少,越利于用户认知。

如图 5-2 所示,在对图(a)和图(b)中的导航栏进行选择性注意脑电实验后,发现图(a)中的导航栏 N400 的潜伏期要比图(b)中的导航栏 N400 的潜伏期晚 10％,大于导航栏的脑电潜伏期阈值 4％,因此优先选取图(b)中的导航栏作为设计推荐形式。经过专家分析和讨论,也发现图(b)中的导航栏进行了不同功能区域的划分,用户的视觉干扰项更少,更利于进行选择和判断。

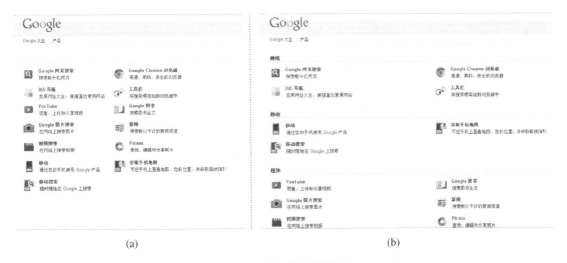

**图 5-2　导航栏的设计形式**

(3) −16％和 27％。在界面配色评估中,如果两款不同配色界面的 P3 电极的 N100 波幅差大于或等于 16％,即可判定脑电波幅小的界面配色质量更高;如果 O2 电极的 P200 的波幅差大于或等于 27％,即可判定脑电波幅大的界面配色质量更高,越利于用户识别。

如图 5-3 所示,在对图(a)和图(b)两个界面进行界面配色的脑电实验后,发现图(a)中的界面 N100 的波幅要比图(b)中的界面 N100 的波幅小 25％,大于界面配色的脑电波幅阈值 16％,因此选取图(a)中的界面配色作为设计推荐形式。经过专家用户分析和讨论,发现图(b)的界面在使用过程中,用户会出现严重视觉障碍,滚动条的配色严重影响其他重要信息的获取。

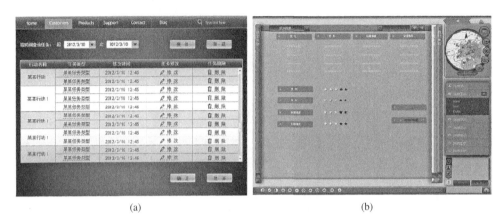

(a)           (b)

图 5-3　界面配色的设计形式

## 5.4　数字界面 ERP 脑电评估方法

数字界面在实际使用过程中，系统态势纷繁复杂，瞬息万变，数字界面信息显示和用户实际任务的复杂性使得用户认知过程呈现多样性。根据用户对图形、色彩、布局、文字的脑电认知特性和上一章节的脑电实验，运用 ERP 脑电技术对数字界面进行评估，可从界面的整体和局部进行脑电生理评估。

### 5.4.1　数字界面整体评估方法

数字界面整体评估方法包括直接观察法和任务试验分析法。直接观察法主要通过直接观察数字界面，获取偏好性感觉编码 P1/N1 成分来评估。任务试验分析法按照任务实际操作过程，分为以下 6 种情况：

（1）操作错误时的脑电成分 ERN（误操作）。

（2）遇到困难，中断进一步操作时的脑电波（认知负荷）。

（3）单击按钮的决策反应（反馈负波）。

（4）跨通道反应脑电波（视觉/听觉）。

（5）系统报警提示引起的脑电成分（威胁性信息）。

（6）系统响应时间产生的脑电波（响应时间）。

以上 6 种情况的脑电成分，可用于任务试验时对数字界面的评估，具体关注的脑电成分和 ERP 评估原则参看表 5-4。

表 5-4　数字界面整体评估关注成分和 ERP 评估原则

| 评估方法 | 评估对象 | 关注成分 | ERP 评估原则 |
|---|---|---|---|
| 直接观察法 | 数字界面的偏好性 | 内隐性选择性注意<br>引起偏好性感觉编码 P1/N1 成分 | 头皮后部的 P1、N1 以及额区的 N1 对数字界面的注意度越高，幅值越大 |

| 评估方法 | 评估对象 | 关注成分 | ERP 评估原则 |
|---|---|---|---|
| 任务分析法 | 操作错误<br>（误操作） | 错误相关负波 ERN<br>（Error Related Negativity） | 与前扣带回 ACC 活动相关,优先选取潜伏期较短、波幅较大的界面 |
| | 遇到困难,中断操作（认知负荷） | P300 成分 | P300 潜伏期随着任务难度的加大而增大,幅值为信息加工容量的指标 |
| | 单击按钮的决策反应<br>（反馈负波） | 运动反应前准备电位 RP 或 BSP,运动反应后电位 MP 和 RAF | 用户在主动运动时,产生以上 4 种波;反之,只有 MP 和 RAF 产生 |
| | 跨通道反应<br>（视觉/听觉） | 视觉失匹配负波 VMMN<br>（Visual Mismatch Negativity） | 视觉通道时,VMMN 有两个波峰,颞枕区幅度最高;听觉通道时,VMMN 只有一个峰,额区幅度最高 |
| | 系统报警提示<br>（威胁性信息） | 脑区的唤醒度和愉悦度 | 威胁性图片出现时,唤醒度会明显高于中性图片,愉悦度低于中性图片 |
| | 系统响应时间<br>（响应时间） | 相关脑电成分 | 根据脑电成分的波幅差异和潜伏期的长短 |

## 5.4.2　数字界面局部评估方法

数字界面局部评估是对数字界面进行解构后,抽离出数字界面元素,在经过图像处理后,通过脑电设备完成对界面颜色、图标设计、按钮设计和屏幕布局的脑电评估,数字界面各元素的具体关注脑电成分和 ERP 评估原则参看表 5-5,表 5-6 和表 5-7。

**表 5-5　数字界面颜色评估关注成分和 ERP 评估原则**

| 评估对象 | 关注成分 | ERP 评估原则 |
|---|---|---|
| 界面中显示颜色数目 | 相关脑电成分 | 选取能引起高唤醒度脑电波的几种颜色作为界面的颜色数目 |
| 界面中前景色和背景色 | P1(110~140 ms)成分和外纹状皮质层的激活程度 | 选取 P1 最大,外纹皮质层激活程度最大的颜色配色 |
| 反色和通用颜色的使用 | N400 成分 | 通过颜色与功能歧义匹配,选取引起小波幅 N400 成分的颜色作为其对比色 |

**表 5-6　数字界面图标设计评估关注成分和 ERP 评估原则**

| 评估对象 | 关注成分 | ERP 评估原则 |
|---|---|---|
| 图标的图形和功能 | 后正复合波（LPC） | 比较 LPC 的潜伏期,形状和意义的匹配度越高 LPC 的潜伏期越短 |
| 图标的图文结合 | 内隐记忆效应,在额叶产生 300~500 ms 的 ERP | 若额叶产生了 300~500 ms 的 ERP,则必须辅以文字解释图标 |
| 图标简单清楚,易于理解原则 | "学习-记忆"ERP 实验研究,Dm 效应的正电位差异波 | 图标若需进行深入加工,则出现显著 Dm 效应;若只需浅加工,则不会引起非常弱的 Dm 效应。比较 Dm 效应,选取浅加工即可理解的图标 |

表 5-7　数字界面布局评估关注成分和 ERP 评估原则

| 评估对象 | 关注成分 | ERP 评估原则 |
|---|---|---|
| 视觉搜索任务 | 划分注意范围等级,行为数据和 P1、N1 波幅 | 对注意范围划分等级后,行为数据和 ERP 波幅会产生等级效应,该效应受任务难度、刺激物数量及元素分布等多重影响 |
| 视觉选择性注意任务 | 视觉干扰,P1、N1 的增强反应 | 通过研究上下左右视野刺激物的空间选择性注意的 ERP 成分,观察是否出现 P1、N1 增强反应,根据此现象是否出现,确定最合适的屏幕布局 |

其中,评估屏幕布局设计时应使各功能区重点突出、功能明显,遵循以下原则:平衡原则、预期原则、经济原则、顺序原则、规则化原则。对屏幕布局的评估主要通过视觉搜索任务和视觉选择性注意任务来完成。

按钮分类较多,同时涉及交互和操作,按钮交互的脑电评估可参照界面整体评估中的单击按钮的决策反应,按钮显示效果和风格评估可参照颜色、图标的评估方法进行。

## 5.5　本章小结

本章基于上一章的实验基础,提出了数字界面元素的脑电评价指标,对数字界面元素的脑电评价指标进行了阈值分析,基于脑电阈值分析了界面设计推荐形式,并提出了数字界面整体和局部的 ERP 脑电评估方法。

# 第6章 传统评价方法与脑电评价方法的实例对比分析

## 6.1 引言

数字界面可用性传统评价方法通常包括:专家主观知识评价法、数学模糊评价法和眼动追踪评价法,传统评价方法已广泛应用于数字界面的可用性评价,且技术十分成熟。鉴于本书首次提出数字界面可用性的脑电评估方法,本章通过将传统评价方法和脑电评价方法进行实例对比分析,以证明数字界面可用性的脑电评估方法的有效性和可靠性。

## 6.2 专家主观知识评价与脑电评价的实例对比分析

### 6.2.1 专家主观知识评价法

专家主观知识评价法包括基于专家意见的评估方法、Likert 量表法,其中基于专家意见的评估方法为主观定性的评价方法,而 Likert 量表法为主观定量的评价方法。

**(ⅰ) 基于专家意见的评估方法**

基于专家意见的评估方法是一种检验界面可用性的评估方法,根据 Nielsen 的研究建议,3~5 个具有数字界面可用性和设计知识背景的评估员,依据相应的界面评估方法和原则,以及对用户背景的分析和研究,提出一些专业的建议和反馈,检测出系统中出现的可用性问题和潜在问题,并试图找出解决的方案。该方法可以应用于数字界面开发生命周期的每一个阶段,对评估成本和所需评估条件的要求都比较低,既不需要一个工作原型也不需要真实用户,其主要优势在于专家决断比较快、使用资源少,可为界面提供综合评价,指导后续设计。

**(ⅱ) Likert 量表法**

Likert 量表法由关于界面可用性的一组问题或陈述组成,用来表明被调查者对数字界面的观点、想法、评估或意向,通常采用 5 级量表形式,即对量表中每一题目均给出表示态度积极程度等级的 5 种备选评语答案(如"非常差""很差""一般""很好""非常好"等),并用1~5 分别为 5 种答案计分。将每一份量表中的得分累加后即可得出总分,它反映了被调查者对某事物或主题的综合态度,分数越高说明被调查者对某事物或主题的态度越积极,量表设计通常采用结构问卷形式,以方便定量统计分析。

### 6.2.2　评价内容和标准

**（i）评价内容**

本次实验要实现对方案 A 和方案 B 两个数字界面的可用性评估,同时分别运用主观知识评价法和脑电评价方法,根据两种方法实验结果的差异,进行实例对比分析,来验证脑电评价方法的可行性和有效性。

**（ii）主观知识评价标准**

本实验中,主观知识评价法采用 Nielsen 提出的数字界面的 10 条评估准则:系统状态的可见性、系统与现实世界的匹配、用户控制和行动自由、一致性和标准、错误的预防、系统去识别而不是让用户记忆、灵活性和使用效率、简约设计美学、帮助和错误恢复、帮助文档。专家主观知识评价法由基于专家意见的评估方法、Likert 量表法组成。根据专家对两方案的建议、反馈和可用性问题,以及 Likert 量表统计分析结果的积极态度,来确定方案的优劣。

**（iii）脑电评价标准**

脑电实验设计采用 Go-Nogo 实验范式,图形框架界面评估的脑电指标是 N100 和 P200;选取 P8 进行 N100 峰值的优劣样本比对,峰值越趋向于正值的样本可用性越好,选取 O2 进行 P200 峰值的优劣样本比对,峰值越趋向于正值的样本可用性越好。

鉴于脑电信号的敏感性和脑电实验的灵活性,专家主观评价安排在脑电实验评价之后,是为了防止被试者提前学习和熟悉任务,从而影响脑电数据的不稳定性和不可靠性。同时,专家主观评价法往往在专家对界面熟练掌握以后进行,经过脑电实验可以增加被试者对界面的了解,再进行专家主观评价法会更加科学和合理。

### 6.2.3　实验材料

根据廖宏勇[77]的数字界面图形框架设计规则,脑电实验前对实验材料进行分类,将 58 个界面图形框架方案样本分为两组,其中优劣差异较为明显的样本各 29 个,然后将方案 A 和方案 B 分别放入优劣样本集中,共计 60 个实验样本,整个实验被试者需完成 60 次 trails,如图 6-1 所示。

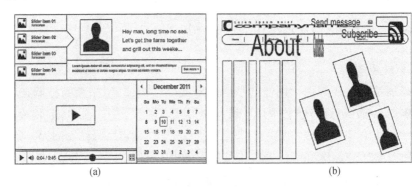

图 6-1　方案 A(a)和方案 B(b)

### 6.2.4　脑电实验评价过程

**（ⅰ）实验设备、被试者选择、数据分析软件与分析流程**

实验设备、被试者选择、数据分析软件与分析流程均符合脑电实验的标准和规范。

**（ⅱ）实验设计**

实验流程如下：首先屏幕中央出现白色十字叉 1000 ms，随后出现测试的图形框架样本，被试者根据直观感受做出满意度评价，满意按"A"键，否则按"L"键，接着出现黑屏 1000 ms，进入下一个测试样本，60 个测试样本随机呈现。每次实验开始前有一个简单的练习供被试者熟悉实验过程，练习与实际测试中有短暂的休息时间，休息完毕后被试者按任意键进入正式实验，实验流程如图 6-2 所示。

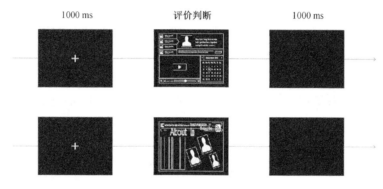

**图 6-2　脑电实验流程图**

**（ⅲ）脑电数据结果分析**

由行为数据可以看出，所有被试者对方案 A 的按键操作均为"A"，方案 A 可归类为优质界面，方案 B 可归类为劣质界面。分别提取方案 A 和方案 B 的 P8 电极和 O2 电极的脑电成分，研究发现：在 P8 电极的 N100 成分中，方案 A 相比较方案 B 峰值更趋向于正值；在 O2 电极的 P200 成分中，方案 A 的峰值同样更趋向于正值，如图 6-3 和 6-4 所示。方案 A 和方案 B 的脑电指标由 N100 和 P200 显示，方案 A 显著优于方案 B。

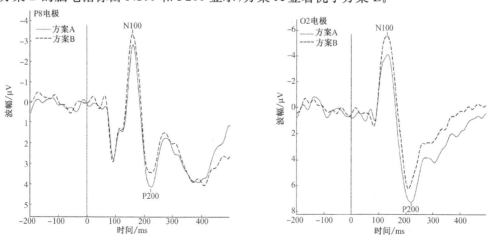

**图 6-3　方案 A 和方案 B 在 P8 电极的 N100 成分**　　**图 6-4　方案 A 和方案 B 在 O2 电极的 P200 成分**

### 6.2.5 专家主观知识评价过程

专家用户根据 Nielsen 评价准则,在脑电实验结束后,分别对方案 A 和方案 B 给出书面的建议、反馈和可用性问题,并完成 Likert 量表问卷,问卷见附录 1 和 2。

结果发现,专家用户对方案 B 提出的建议、反馈和可用性问题,远多于方案 A 的。专家用户完成问卷后进行统计分析:Likert 量表统计发现方案 A 的所有问题或描述均呈现积极态度,方案 A 的风格和特征描述更趋向于褒义的形容词,且方案 A 的总得分远高于方案 B,因此方案 A 优于方案 B。

### 6.2.6 最优方案的确定和讨论

脑电实验评价和专家主观知识评价结果均显示方案 A 要优于方案 B,两种方法的评价结果一样。本实验中,两方案之间优劣差异比较明显,在获取最优方案的过程中更具典型代表。但在评价界面的实际过程中,不同方案之间优劣差异并不太明显,前期往往需要对 Likert 量表问卷进行严格调研和设计,同时专家用户也需要给出非常中肯和认真的回答,才可以缩减后期专家主观知识评价中的工作量。因此,运用专家主观知识评价法可显著证明脑电方法的有效性。

## 6.3 数学评价方法与脑电评价方法的实例对比分析

### 6.3.1 数学评价方法

#### (ⅰ)国内外研究综述

迄今,国内外学者对数学评价方法和其运用进行了大量研究工作,如邱东[147]在多指标综合评价的数学方法研究上,提出了组合指标评价、模糊优化法、模拟退火法等数学评价方法的原理及运用;苏为华[148]对德尔菲法、模糊理论方法、层次分析法、灰色关联分析法等数学评价方法进行了论述和分析。在用数学方法对界面和产品的实际评价上,颜声远[89]运用粒子群算法对人机界面布局进行了优化,金涛[149]运用改进后的主成分回归分析法对产品外观进行了评估。在本书第 1 章对数学评价方法进行了大量文献论述,常见的数学评价方法包括德尔菲法、层次分析法、灰色关联分析法、灰色系统理论、人工神经网络方法、模糊理论方法、主成分分析法、聚类分析方法、粗糙集属性约简法和集对分析法。不同方法的计算复杂度、优缺点、实际应用范围和解决问题均存在差异,针对数字界面的评估,应采用定性与定量结合的数学评价方法,弥补方法的缺点,如减少主观评价的模糊性和不确定性,以确保高信效度。

#### (ⅱ)数学评价方法的选择

在数学评价方法的选择上,本书综合使用专家知识评估法、层次分析法、灰色关联分析法和集对分析法,来克服单一方法的不足和缺陷。层次分析法主要用于综合考虑专家知识的评价意见,最终量化评价指标的权重关系,用于确定指标权重。由于层次分析法在权重指标的确定上易受到专家用户的经验、能力、水平和状态等主观因素的影响,辅以灰色关联分析法后,通过构建专家用户的可靠度矩阵来得到可靠性系数,来修正评价指标的权重系数,最后运用集对分析法来确定各界面方案的得分。

## 6.3.2　评价内容和标准

### （ⅰ）评价内容

本次实验选择某单位使用较为频繁的某款界面作为评估原型,分别运用层次-灰度-集对分析数学评估方法和脑电方法对该界面的3个设计方案进行可用性评价,同时,根据两种方法实验结果的差异,进行实例对比分析,来验证脑电方法的可行性和有效性。

### （ⅱ）数学评价过程

层次-灰度-集对分析数学评估方法分为4个步骤:(1)专家用户打分。专家用户分为A、B两组,其中A组为该界面的常用用户,B组为该界面的可用性评价专家,选取Nielsen[87]的5项可用性评价指标作为评价标准:可学习性、高效性、可记忆性、出错率和主观满意度。A组利用7阶度量法完成对5项指标的评分,B组对所有案例进行5项可用性指标的打分(采取百分制),并计算出B组各方案各项指标的平均分,每个专家只能参与一个组别进行打分。(2)层次分析法。A组专家用户完成评分后,构建两两对比判断矩阵,运用层次分析法确定各指标的初始权重,并进行可靠性检验。(3)灰色关联分析法。通过灰色关联分析,来构建可靠性矩阵,并获取可靠度系数和修正指标的权重系数。

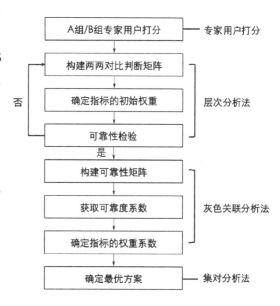

**图6-5　运用数学方法对数字界面最优方案的确定过程**

(4)集对分析法。运用集对分析法对B组用户的评分进行计算,获取各个方案的最终得分,得分最高的即为最优方案,如图6-5所示。

### （ⅲ）脑电评价标准

脑电实验设计采用Go-Nogo实验范式,该实验中界面可用性评估的脑电指标是N100和P200:选取P8进行3个方案的N100峰值的对比,峰值越趋向于正值的方案可用性越优,选取O2进行3个方案的P200峰值的对比,峰值越趋向于正值的为可用性较优的方案。

## 6.3.3　实验材料

本次实验选择某单位使用较为频繁的某款界面作为评估原型,分别运用层次-灰度-集对分析数学评估方法和脑电方法,对数字界面3个设计方案进行可用性评估,同时,根据两种方法实验结果的差异,来验证脑电方法的可行性和有效性。3个设计方案为方案1、方案

2 和方案 3,如图 6-6、图 6-7 和图 6-8 所示。

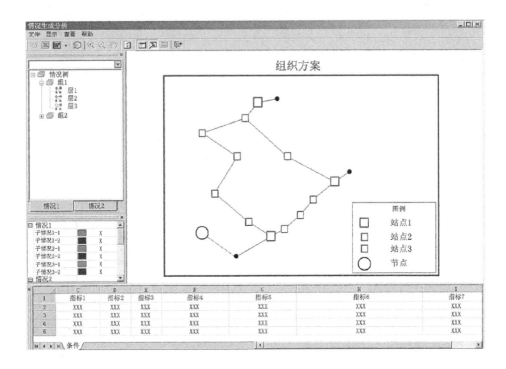

图 6-6　某款界面的方案 1

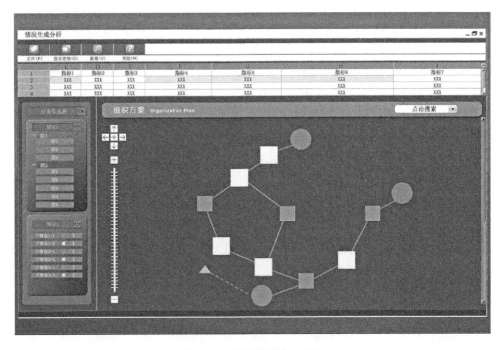

图 6-7　某款界面的方案 2

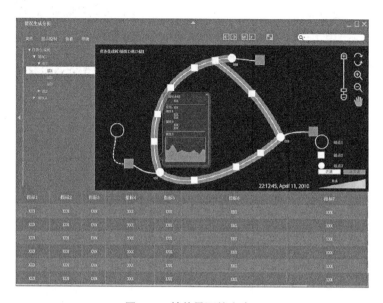

图 6-8 某款界面的方案 3

## 6.3.4 脑电实验评估过程

### （i）实验设备、被试者选择、数据分析软件与分析流程

除参与实验被试者为专家用户外,实验设备、被试者选择、数据分析软件与分析流程等均符合脑电实验的标准和规范。

### （ii）实验设计

实验设计和流程和 6.2.4 中（ii）一致,将方案 1、方案 2 和方案 3 放入实验样本中,共计 60 个实验样本,整个实验被试者需完成 60 次 trails,实验范式如图 6-9 所示。

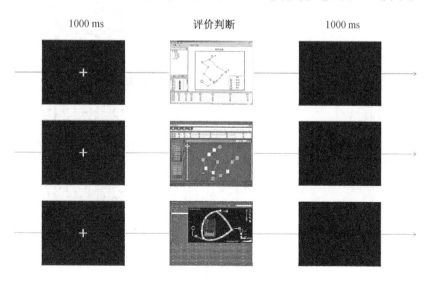

图 6-9 脑电实验流程图

### （ⅲ）脑电数据结果分析

根据 6.2.4（ⅲ）中关于界面偏好脑电评估中的发现，N100 和 P200 成分为重点关注成分，在提取方案 1、方案 2 和方案 3 的 P8 电极和 O2 电极的脑电成分后，结果发现：在 P8 电极的 N100 成分中，方案 3 相比较方案 1 和方案 2 峰值更趋向于正值；在 O2 电极的 P200 成分中，方案 3 的峰值较方案 1 和方案 2 同样更趋向于正值。图 6-10 为方案 3 出现时的脑地形图，从图中可以看出，100～400 ms 时，脑地形图在枕叶区域（O2 电极附近）出现 P200，图中枕叶区域颜色变化显著，并显著趋向于正值，脑地形图的变化进一步验证了方案 3 的显著优势。由方案 1、方案 2 和方案 3 的脑电指标 N100 和 P200 显示，方案 3 显著优于方案 1 和方案 2。

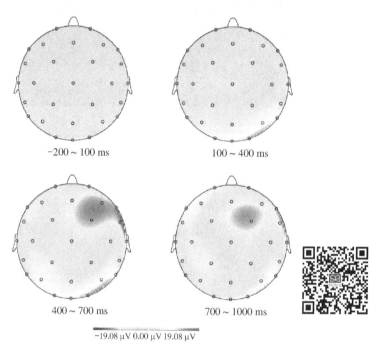

**图 6-10　方案 3 出现时的脑地形图**

## 6.3.5　层次-灰度-集对分析数学评估方法的评估过程

### （ⅰ）专家用户打分

选取 5 名 A 组专家用户，利用 7 阶度量法建立评价矩阵[151]，对 3 个方案的易学习性、高效性、可记忆性、出错率和主观满意度等 5 项评价指标进行两两评价，如表 6-1 所示，构建 5 位专家用户对指标的两两对比分析矩阵：$A_1$、$A_2$、$A_3$、$A_4$ 和 $A_5$。

**表 6-1　评价矩阵重要性的等级评分**

| 重要性等级 | $C_{ij}$ 赋值 |
| --- | --- |
| $i,j$ 两指标同等重要 | 1 |
| $i$ 指标比 $j$ 指标稍重要 | 3 |
| $i$ 指标比 $j$ 指标非常重要 | 5 |

（续表）

| 重要性等级 | $C_{ij}$ 赋值 |
|---|---|
| $i$ 指标比 $j$ 指标极重要 | 7 |
| $i$ 指标比 $j$ 指标稍不重要 | 1/3 |
| $i$ 指标比 $j$ 指标非常不重要 | 1/5 |
| $i$ 指标比 $j$ 指标极不重要 | 1/7 |

$$
\boldsymbol{A}_1 = \begin{bmatrix} 1 & 1/5 & 1 & 1/7 & 3 \\ 5 & 1 & 5 & 1/3 & 5 \\ 1 & 1/5 & 1 & 1/5 & 3 \\ 7 & 3 & 5 & 1 & 7 \\ 1/3 & 1/5 & 1/3 & 1/7 & 1 \end{bmatrix} \quad
\boldsymbol{A}_2 = \begin{bmatrix} 1 & 1/7 & 1/3 & 1/7 & 1 \\ 7 & 1 & 5 & 1 & 7 \\ 3 & 1/5 & 1 & 1/5 & 3 \\ 7 & 1 & 5 & 1 & 7 \\ 1 & 1/7 & 1/3 & 1/7 & 1 \end{bmatrix}
$$

$$
\boldsymbol{A}_3 = \begin{bmatrix} 1 & 1/5 & 3 & 1/7 & 1/3 \\ 5 & 1 & 5 & 1/3 & 3 \\ 1/3 & 1/5 & 1 & 1/7 & 1/3 \\ 7 & 3 & 7 & 1 & 5 \\ 3 & 1/3 & 3 & 1/5 & 1 \end{bmatrix} \quad
\boldsymbol{A}_4 = \begin{bmatrix} 1 & 1/5 & 3 & 1/3 & 5 \\ 5 & 1 & 5 & 3 & 7 \\ 1/3 & 1/5 & 1 & 1/3 & 1 \\ 3 & 1/3 & 5 & 1 & 5 \\ 1/5 & 1/7 & 1 & 1/5 & 1 \end{bmatrix}
$$

$$
\boldsymbol{A}_5 = \begin{bmatrix} 1 & 1/3 & 1 & 1/3 & 3 \\ 3 & 1 & 5 & 1 & 7 \\ 1 & 1/5 & 1 & 1/5 & 3 \\ 3 & 1 & 5 & 1 & 7 \\ 1/3 & 1/7 & 1/3 & 1/7 & 1 \end{bmatrix}
$$

选取 10 名 B 组专家用户，从易学习性、高效性、可记忆性、出错率和主观满意度等 5 项评价指标出发，对方案 1、方案 2、方案 3 进行百分制打分，随后得到所有被试者的平均分数，如表 6-2 所示。

表 6-2　专家用户对数字界面可用性指标的评分表

| 方案 | 易学习性 | 高效性 | 可记忆性 | 出错率 | 主观满意度 |
|---|---|---|---|---|---|
| 方案 1 | 85.22 | 82.61 | 81.49 | 80.35 | 85.66 |
| 方案 2 | 86.63 | 84.20 | 87.52 | 83.86 | 89.23 |
| 方案 3 | 82.31 | 86.37 | 80.39 | 88.56 | 93.75 |

**（ⅱ）用层次分析法确定评价指标的初始权重**

将 5 位 A 组专家用户对 5 项评价指标的评分进行定义，矩阵 $\boldsymbol{A}_1$、$\boldsymbol{A}_2$、$\boldsymbol{A}_3$、$\boldsymbol{A}_4$ 和 $\boldsymbol{A}_5$ 构成了矩阵 $\boldsymbol{A}_k (k = 1, 2, \cdots, 5)$，$k$ 代表第 $k$ 位专家用户，式(6-1)中，$a_{ij}^k$ 是第 $k$ 位评判者给出的同一层次中第 $i$ 个指标与第 $j$ 个指标的相对重要程度的判断值，得到两两对比分析矩阵，式中 $k = 1, 2, \cdots, 5$，$i, j = 1, 2, \cdots, 5$。

$$\boldsymbol{A}_k = (a^k_{ij}) = \begin{bmatrix} a^k_{11} & a^k_{12} & \cdots & a^k_{15} \\ a^k_{21} & a^k_{22} & \cdots & a^k_{25} \\ \vdots & \vdots & \ddots & \vdots \\ a^k_{51} & a^k_{52} & \cdots & a^k_{55} \end{bmatrix} \tag{6-1}$$

矩阵 $\boldsymbol{A}_k$ 存在特征值 $\lambda_k$ 与非零向量 $\boldsymbol{X}_k$ 使得式(6-2)成立,式中 $k = 1, 2, \cdots, 5$,通过求解矩阵 $\boldsymbol{A}_k$ 最大特征根对应的特征向量即可求出指标权重:

$$\boldsymbol{A}_k \boldsymbol{X}_k = \lambda_k \boldsymbol{X}_k \tag{6-2}$$

标准化之后矩阵 $\boldsymbol{A}_k$ 的最大特征根的特征向量 $\boldsymbol{X}_{km}$ 的数值就是第 $k$ 位评判者赋给各个指标的权重向量,见式(6-3),式中 $k = 1, 2, \cdots, 5$。随后进行矩阵 $\boldsymbol{A}_k$ 的可靠度检验,如达不到可靠度的要求,则说明权重向量无效,需重新打分计算直至达到可靠度要求:

$$\boldsymbol{W}'_k = (w'_{k1}, w'_{k2}, \cdots, w'_{k5})^{\mathrm{T}} \tag{6-3}$$

根据公式(6-2)和(6-3),计算得到 5 位 A 组专家用户的指标权重向量分别为:

$$\boldsymbol{W}'_1 = (0.086, 0.284, 0.092, 0.493, 0.045)^{\mathrm{T}} \tag{6-4}$$

$$\boldsymbol{W}'_2 = (0.050, 0.394, 0.112, 0.394, 0.050)^{\mathrm{T}} \tag{6-5}$$

$$\boldsymbol{W}'_3 = (0.075, 0.255, 0.046, 0.500, 0.124)^{\mathrm{T}} \tag{6-6}$$

$$\boldsymbol{W}'_4 = (0.149, 0.479, 0.061, 0.260, 0.052)^{\mathrm{T}} \tag{6-7}$$

$$\boldsymbol{W}'_5 = (0.119, 0.369, 0.099, 0.369, 0.044)^{\mathrm{T}} \tag{6-8}$$

由 5 位 A 组专家用户的指标权重向量可建立可靠度矩阵如下:

$$\boldsymbol{A} = \begin{bmatrix} 0.086 & 0.284 & 0.092 & 0.493 & 0.045 \\ 0.050 & 0.394 & 0.112 & 0.394 & 0.050 \\ 0.075 & 0.255 & 0.046 & 0.500 & 0.124 \\ 0.149 & 0.479 & 0.061 & 0.260 & 0.052 \\ 0.119 & 0.369 & 0.099 & 0.369 & 0.044 \end{bmatrix} \tag{6-9}$$

运用 Friedman 检验对专家用户的评价结果进行验证,检验结果显示 $p$ 值小于 $0.05$,说明专家评价结果可靠度较高,可直接进行下一步操作。

**(ⅲ)用灰色关联分析法确定评价指标的权重系数**

通过式(6-10)的均值化方法对评价矩阵 $\boldsymbol{A}$ 进行标准化处理,式中 $k = 1, 2, \cdots, 5$,$i = 1, 2, \cdots, 5$。

$$\boldsymbol{A}'_{ki} = a_{ki} \Big/ \sum_{k=1}^{m} a_{ki} \tag{6-10}$$

根据公式(6-10),建立评价矩阵 $\boldsymbol{A}$ 的标准化可靠度矩阵 $\boldsymbol{A}'$:

$$A' = \begin{bmatrix} 0.180 & 0.159 & 0.224 & 0.245 & 0.143 \\ 0.104 & 0.221 & 0.273 & 0.195 & 0.158 \\ 0.157 & 0.143 & 0.113 & 0.248 & 0.394 \\ 0.311 & 0.269 & 0.149 & 0.129 & 0.165 \\ 0.248 & 0.208 & 0.241 & 0.183 & 0.140 \end{bmatrix} \tag{6-11}$$

由标准化可靠度矩阵 $A'$ 定义关联系数，如式(6-12)所示，其中 $A'_{0k} = \sum\limits_{i=1}^{5} A'_{ik}$，$\rho \in [0, 1]$ 是分辨系数，通常取值 0.5，$k = 1, 2, \cdots, 5$，$i = 1, 2, \cdots, 5$：

$$\xi_{ik} = \begin{cases} \dfrac{\min\limits_{i}\min\limits_{k}|A'_{0k}-A'_{ik}| + \rho\max\limits_{i}\max\limits_{k}|A'_{0k}-A'_{ik}|}{|A'_{0i}-A'_{ki}| + \rho\max\limits_{i}\max\limits_{k}|A'_{0k}-A'_{ik}|}, & i \neq 0 \\ 1, & i = 0 \end{cases} \tag{6-12}$$

由可靠度矩阵 $A'$ 可得：

$$A'_{0k} = \sum\limits_{i=1}^{5} A'_{ik} = \{1, 1, 1, 1, 1\} \tag{6-13}$$

$$A'_{1k} = \{0.180, 0.159, 0.224, 0.245, 0.143\} \tag{6-14}$$

$$A'_{2k} = \{0.104, 0.221, 0.273, 0.195, 0.158\} \tag{6-15}$$

$$A'_{3k} = \{0.157, 0.143, 0.113, 0.248, 0.394\} \tag{6-16}$$

$$A'_{4k} = \{0.311, 0.269, 0.149, 0.129, 0.165\} \tag{6-17}$$

$$A'_{5k} = \{0.248, 0.208, 0.241, 0.183, 0.140\} \tag{6-18}$$

计算关联度系数，经计算得：

$$\min\limits_{i}\min\limits_{k}|A'_{0k}-A'_{ik}| = 0.606 \tag{6-19}$$

$$\max\limits_{i}\max\limits_{k}|A'_{0k}-A'_{ik}| = 0.896 \tag{6-20}$$

$$\xi_{ik} = \frac{0.606 + \rho 0.896}{|A'_{0i}-A'_{ki}| + \rho 0.896} \tag{6-21}$$

将 $A'_{0k}$、$A'_{ik}$ 和 $\rho$ 的数值代入式(6-21)中，得到：

$$\xi_1 = \{0.831, 0.818, 0.861, 0.876, 0.808\} \tag{6-22}$$

$$\xi_2 = \{0.784, 0.859, 0.897, 0.841, 0.817\} \tag{6-23}$$

$$\xi_3 = \{0.816, 0.808, 0.790, 0.878, 1.000\} \tag{6-24}$$

$$\xi_4 = \{0.927, 0.894, 0.811, 0.799, 0.822\} \tag{6-25}$$

$$\xi_5 = \{0.878, 0.850, 0.873, 0.833, 0.806\} \tag{6-26}$$

定义关联度为 $r_{0k} = \dfrac{1}{5}\sum\limits_{k=1}^{5}\xi_i(k)$，其中 $k = 1, 2, \cdots, 5$，$i = 1, 2, \cdots, 5$，计算可得灰色关联度矩阵为：$r_{0k} = [0.839 \quad 0.840 \quad 0.858 \quad 0.851 \quad 0.848]^{\mathrm{T}}$。

将可靠度系数定义为 $\delta$，第 $k$ 位专家的可靠度系数的计算公式为：

$$\delta_k = r_{0k} \Big/ \sum_{k=1}^{5} r_{0k} \qquad (6\text{-}27)$$

根据公式(6-27)计算可得 5 位专家可靠性系数矩阵为：

$$\boldsymbol{B} = \begin{bmatrix} 0.198 & 0.198 & 0.203 & 0.201 & 0.200 \end{bmatrix}^{\mathrm{T}} \qquad (6\text{-}28)$$

最后运用可靠度系数来修正 5 项评价指标的权重系数，定义易学习性、高效性、可记忆性、出错率和主观满意度等指标修正后的权重矩阵 $\boldsymbol{W}$ 的计算公式为：

$$\boldsymbol{W} = \boldsymbol{A} \times \boldsymbol{B} \qquad (6\text{-}29)$$

根据公式(6-29)计算可得修正后的易学习性、高效性、可记忆性、出错率和主观满意度等 5 项指标权重矩阵为：

$$\boldsymbol{W} = \begin{bmatrix} 0.096 & 0.356 & 0.082 & 0.403 & 0.063 \end{bmatrix}^{\mathrm{T}} \qquad (6\text{-}30)$$

最终获得该数字界面的易学习性、高效性、可记忆性、出错率和主观满意度等 5 项指标的权重分别为 0.096、0.356、0.082、0.403 和 0.063。

**(ⅳ) 用集对分析法确定最优方案**

由 3 个方案及每个方案的 5 项评价指标的 B 组专家用户评分构成实际指标矩阵 $\boldsymbol{M}$：

$$\boldsymbol{M} = \begin{bmatrix} 85.22 & 82.61 & 81.49 & 80.35 & 85.66 \\ 86.63 & 84.20 & 87.52 & 83.86 & 89.23 \\ 82.31 & 86.37 & 80.39 & 88.56 & 93.75 \end{bmatrix} \qquad (6\text{-}31)$$

再根据给定界面的 5 项评价指标分值确定出一个理想指标矩阵 $\boldsymbol{N}$：

$$\boldsymbol{N} = \begin{bmatrix} n1 & n2 & n3 & n4 & n5 \end{bmatrix} \qquad (6\text{-}32)$$

定义 $\boldsymbol{N}$ 中的各元素为待评价方案各类指标分值的最大值，并将 $\boldsymbol{N}$ 作为各指标的比较基准，计算得到理想指标矩阵：

$$\boldsymbol{N} = \begin{bmatrix} 86.63 & 86.37 & 87.52 & 88.56 & 93.75 \end{bmatrix} \qquad (6\text{-}33)$$

则实际指标矩阵 $\boldsymbol{M}$ 与理想指标矩阵 $\boldsymbol{N}$ 组成一个集对 $(\boldsymbol{M}, \boldsymbol{N})$。

将实际指标矩阵 $\boldsymbol{M}$ 中的各元素 $m_{ij}$ 与理想指标矩阵 $\boldsymbol{N}$ 中的元素 $n_j$ 做同一度计算，其中 $i = 1, 2, 3, j = 1, 2, \cdots, 5$，可得到同一度联系矩阵 $\boldsymbol{E}$：

$$\boldsymbol{E} = \begin{bmatrix} e_{11} & e_{12} & \cdots & e_{15} \\ e_{21} & e_{22} & \cdots & e_{25} \\ e_{31} & e_{32} & \cdots & e_{35} \end{bmatrix} \qquad (6\text{-}34)$$

根据集对分析同异反联系度的概念，在集合对 $(\boldsymbol{M}, \boldsymbol{N})$ 中其同一度为实际指标分值与理想指标分值之比，即：

$$e_{ij} = \frac{m_{ij}}{n_j} (i = 1, 2, 3; j = 1, 2, \cdots, 5) \qquad (6\text{-}35)$$

运用公式(6-35)计算同一度联系矩阵：

$$E = \begin{bmatrix} 0.984 & 0.956 & 0.931 & 0.907 & 0.914 \\ 1.000 & 0.975 & 1.000 & 0.947 & 0.952 \\ 0.950 & 1.000 & 0.919 & 1.000 & 1.000 \end{bmatrix} \tag{6-36}$$

计算加权同一度矩阵：

$$P = E \times W \tag{6-37}$$

公式(6-37)中的元素 $P_i = \sum_{j=1}^{5} e_{ij} W_j (i=1,2,3)$ 是第 $i$ 个待评价方案的指标与理想指标的同一度。最后根据 $P_i$ 值的大小顺序确定出各个界面的优劣次序，$P_i$ 值大的方案较 $P_i$ 值小的界面为优。

结合前一步骤计算出的 $W = \begin{bmatrix} 0.096 & 0.356 & 0.082 & 0.403 & 0.063 \end{bmatrix}^{\mathrm{T}}$，计算出加权同一度矩阵为：

$$P = E \times W = \begin{bmatrix} 0.984 & 0.956 & 0.931 & 0.907 & 0.914 \\ 1.000 & 0.975 & 1.000 & 0.947 & 0.952 \\ 0.950 & 1.000 & 0.919 & 1.000 & 1.000 \end{bmatrix} \begin{bmatrix} 0.096 \\ 0.356 \\ 0.082 \\ 0.403 \\ 0.063 \end{bmatrix} = \begin{bmatrix} 0.934 \\ 0.967 \\ 0.989 \end{bmatrix}$$

$$\tag{6-38}$$

由于 0.989＞0.967＞0.934，即方案3的综合评价值最大，而方案2要比方案3的竞争力稍差，方案1的竞争力最差，最优选择方案为方案3。

### 6.3.6 最优方案的确定和讨论

通过脑电实验评价和数学评价法得到的结果均显示方案3要优于方案1和方案2，最终可确定最优方案为方案3，且两种方法的评价结果一致。本案例中数学评价法，包含层次分析法、灰度关联分析法和集对分析法，运用3种方法共同验证和评价3个方案。数学方法从理论上讲是定量的、客观的，但前提仍是基于专家的打分和主观评价，所以前期专家打分尤为重要。在本案例中，专家分为A和B两组，两组之间不存在交叉，且两组知识背景和评价重点各有侧重，前期严格选择符合要求的专家用户，将对案例验证和分析带来最大便利。因此，运用层次-灰度-集对分析数学方法可显著证明脑电评价方法的有效性。

## 6.4 眼动追踪评价方法与脑电评价的实例对比分析

### 6.4.1 眼动追踪评价方法

眼动追踪技术是心理学研究的一种重要方法，通过记录用户在观看视觉信息过程中的即时数据,以探测被试者视觉加工的信息选择模式等认知特征。眼动追踪评价具有直接性、自然性、科学性和修正性。

通过眼动追踪仪获取用户的眼动扫描和追踪数据,如瞳孔直径、首次注视时间、注视时间、注视次数、回视时间、眨眼持续时间、眼跳幅度、眼跳时长等眼动指标,均可作为界面可用性的评价指标。数字界面眼动评价模型的质量特征包括资源投入性、易理解性、高效性、复杂性和情感。资源投入性的质量子特征主要指对界面的认知负荷,在眼动指标中主要用瞳孔直径进行度量。易理解性的质量子特征主要指图形符号的表征和布局,在眼动追踪技术中分别用热点图和注视点序列来解释。高效性的质量子特征主要指时间性和正确性,分别用平均注视时间和准确率作为度量标准。复杂性的质量子特征包括信息数量和设计维度,分别运用注视点数目和注视点序列可以对其进行度量。情感的质量子特征主要指界面对用户的吸引性,可用兴趣区注视点数对其进行度量,如图 6-11 所示。

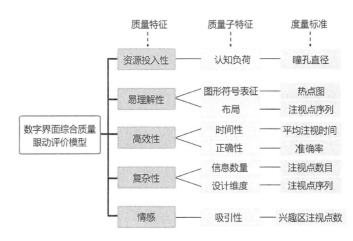

**图 6-11 数字界面的眼动评价模型**

为研究人眼在获取数字界面信息时的运动规律,通过解读注视时间、注视次数、瞳孔直径、扫描路径、注视点、AOI 注视点和热点图等眼动指标和参数,对用户的认知行为和心理活动过程进行分析,并对界面进行客观对比和评估,进而优化设计。数字界面评估的眼动参数如表 6-3 所示。

**表 6-3 眼动追踪界面评估的指标参数表**

| 指标参数 | 指标参数特征说明 |
| --- | --- |
| 注视时间 | 将眼动信息与视镜图像叠加后,利用分析软件提取得到多方面的时间数据。反映的是提取信息的难易程度,持续时间越长意味着被测试人员从显示区域获取信息越困难,用以揭示各种不同信息的加工过程和加工模式 |
| 注视次数 | 是区域重要程度的一个标志。显示区域越重要,被注视的次数越多 |
| 瞳孔直径 | 在一定程度上反映了人的心理活动情况。人们在进行信息加工时,瞳孔直径会发生变化,瞳孔直径变化幅度的大小又与进行信息加工的心理努力程度密切相关。当心理负荷比较大时,瞳孔直径增加的幅度也较大。因此,将瞳孔直径的变化作为一项信息加工时心理负荷的测量指标 |

（续表）

| 指标参数 | 指标参数特征说明 |
|---|---|
| 扫描路径 | 眼球运动信息叠加在视镜图像上形成注视点及其移动的路线图,它最能体现和直观全面地反映眼动的时空特征。由此指标可判断不同刺激情境下,不同任务条件,不同个体,同一个体不同状态下的眼动模式及其差异性。另外,扫描路径和感兴趣区域间的转换概率,表明界面元素布局工效 |
| 注视点 | 总的注视点数目被认为与搜索绩效相关,较大数量的注视点表明低绩效的搜索,可能源于显示元素的糟糕的布局 |
| AOI注视点 | 此指标与凝视比率密切相关,可以用来研究不同任务驻留时间下注视点的数目。特定显示元素(感兴趣区域)的注视点数量反映元素的重要性,越重要的元素则有更多频次的注视 |
| 热点图 | 可以显示受试者在界面的哪个区域停留的时间长。眼动测试结果将采用云状标识来显示该部分是否受到关注。被试者注视的时间长短反映在热点图的颜色上,红色时间最长,黄色次之,绿色再次,紫色时间最短,没有被浸染的颜色表示没有看过 |

## 6.4.2 评价内容和标准

### (ⅰ)评价内容

本次案例选取的实验材料为 F18 战斗机子界面,针对实验任务和脑电实验范式设计要求,对界面进行改进和再设计。分别运用眼动追踪方法和脑电方法,对战斗机子功能界面在视、听双通道下的可用性进行评估。同时,根据两种方法实验结果的差异,来验证脑电方法的有效性。

### (ⅱ)眼动追踪评估标准

眼动追踪评估方法,选取注视点图和热点图作为主要评估指标。相同界面在不同通道下,如果某通道注视点图中注视点数量越少,注视路径越短,代表被试者的视觉搜索策略越好,即该通道下可用性较优;同时,如果某通道的热点图中兴趣区域内的颜色越深,代表被试者搜索任务直接有效,即该通道下可用性较好。

### (ⅲ)脑电评价验证标准

脑电实验设计采用改进的视听跨通道空间注意实验范式,视、听通道的脑电指标分别为 N1 和 P1:视觉通道选取 PO5 电极的 N1 成分,听觉通道选取 FT8 电极的 P1 成分,通过对比 N1 成分和 P1 成分的潜伏期和波幅,潜伏期出现越大,波幅越大,表示该通道的可用性越好。

## 6.4.3 实验材料

如图 6-12 所示,经过改进设计的战斗机子界面共有 8 种状态:图(a-1)为燃油不足;图(a-2)为燃油充足;

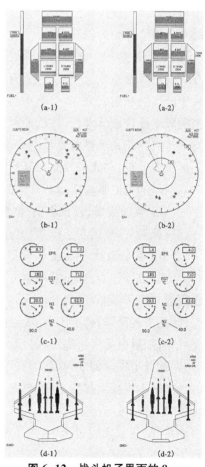

**图 6-12 战斗机子界面的 8 种警示状态**

图(b-1)为发现敌机;图(b-2)为发现友机;图(c-1)为引擎异常;图(c-2)为引擎正常;图(d-1)为发射导弹;图(d-2)为取消发射。

### 6.4.4 脑电实验评估过程

**（ⅰ）脑电实验前综述**

在现实环境中,人类从外界获得的信息约 80% 来源于视觉,而听觉约占 15%,是除了视觉以外最重要的信息获取途径。视觉呈现是指通过视觉刺激来呈现和传达信息,听觉呈现则是指通过声音来呈现和传达信息。在实际任务中,听觉呈现成为视觉呈现的重要补充,当视觉显示受限、不能用或不适合的时候,可以使用听觉来呈现信息。

战斗机在空中执行紧急任务过程中,空中态势瞬息万变,战机稍纵即逝,飞行员的决策直接关系到个人生命和国家安全,而信息获取的渠道全部承载于数字界面上。在战斗机报警情况下,视觉刺激单通道不能达到迅速提示的目的,需同时增加听觉通道来告警,该过程中视听两通道同时作用,帮助飞行员迅速做出正确判断。在战斗机界面视听双通道报警条件下,通过对战斗机子功能界面视听双通道报警提示 ERP 研究,可获取飞行员在视听双通道报警条件下的神经学依据,并提出一些共性的战斗机报警时子界面的多通道设计方法,可指导报警界面设计和信息架构设计,增强飞行员信息获取能力,减少认知负荷,进一步提高战斗机报警界面的设计质量。

P1 是听觉 ERP 的早期成分之一,该成分与听觉的早期注意效应有关[152],也经常出现在听觉选择性注意[153]和从感觉到知觉的听觉神经信号[154]研究中。视觉 N1 是视觉注意条件下产生的早期成分之一,可由空间注意实验范式诱发产生[155],N1 对刺激参数对比度和空间频率比较敏感[156]。在战斗机数字界面的生理学实验和可用性测试研究上,国内学者对战斗机驾舱人机界面设计中多通道交互[157]和飞机航电系统数字界面可用性评估[18]进行了测试和分析,完成了界面布局的眼动实验[25]和态势感知的脑电实验[158],但数字界面的视听双通道的脑电眼动实验鲜有涉及。

**（ⅱ）实验设备、被试者选择、数据分析软件与分析流程**

实验设备、被试者选择、数据分析软件与分析流程均符合脑电实验的标准和规范。

**（ⅲ）实验设计**

实验设计如下:首先屏幕中央出现白色十字叉,背景为黑色,持续 1000 ms 后消失;随后出现战斗机子界面,呈现 2000 ms 后消失,该阶段被试者需判断出该界面所处何种警示状态;然后出现黑屏,持续 1000 ms 后消失,该阶段被试者不需做出反应,可眨眼休息以消除视觉残留;随后出现报警提示,提示分文字和声音两种报警提示,其中视觉(文字)和听觉(声音)两种通道提示的呈现,均需遍历 1000 ms 和 500 ms 两种时间压力,通过界面 8 种状态的红色文字实现视觉传达,通过界面 8 种状态的声音实现听觉传达;最后出现空屏,呈现时间无限时,被试者需辨认上一步的提示信息是否和之前界面的状态一致,如果一致按"A"键,否则按"L"键。实验过程中,战斗机子界面的 8 种不同状态随机出现,每 2 个 trail 的时间间隔为 1000 ms,整个实验根据不同通道和不同时间压力共分为 4 个部分(blocks),即文字报警提示1000 ms、文字报警提示 500 ms、声音报警提示 1000 ms 和声音报警提示 500 ms,其中每个 block 由 60 个 trails 组成,每个 block 之间有短暂休息,实验流程如图 6-13 所示。

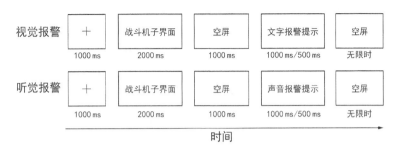

图 6-13　脑电实验流程图

**(ⅳ) 脑电信号记录**

本实验中脑电信号记录的实验环境、实验设备、参考电极、接地电极、高低通滤波、采样频率和其他参数设置与 4.3.2(ⅲ)中情况一致,不同之处是在 Eprime 中增加了声音通道,且声音通道的属性为:位速为 1411 kbps,音频采样大小为 16 位,音频采样级别为44 kHz。

**(ⅴ) 行为数据分析**

行为数据指被试者在视听两种通道下对战斗机界面状态辨认的准确率和反应时。如图 6-14 和表 6-4 所示,视听两种通道下被试者对战斗机界面状态辨认的准确率均值大小为:声音 1000 ms(0.913)＞文字 1000 ms(0.909)＞文字 500 ms(0.900)＞声音 500 ms(0.881),准确率随着提示时间(文字和声音)的递增大体呈递增趋势,声音提示 1000 ms 时准确率最高,声音提示 500 ms 时准确率最低。如图 6-15 和表 6-4 所示,视听两种通道下被试者对战斗机界面状态辨认的反应时均值大小为:文字 1000 ms(763.428 ms)＞声音 500 ms(632.366 ms)＞文字 500 ms(620.234 ms)＞声音 1000 ms(524.028 ms),文字提示 1000 ms 时被试者反应最慢,声音提示 1000 ms 时反应最快。

表 6-4　视听双通道下被试者对战斗机界面状态辨认的行为数据

| 不同提示情况 | 有效样本 | ACC 均值/% | RT 均值/ms |
|---|---|---|---|
| 声音 1000 ms | 10 | 0.913 | 524.028 |
| 声音 500 ms | 10 | 0.881 | 632.366 |
| 文字 1000 ms | 10 | 0.909 | 763.428 |
| 文字 500 ms | 10 | 0.900 | 620.234 |

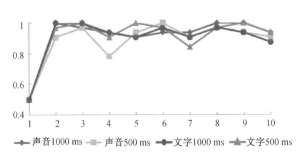

图 6-14　被试者对战斗机界面状态辨认准确率折线图

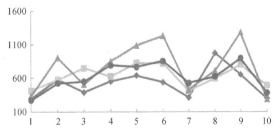

图 6-15　被试者对战斗机界面状态辨认反应时折线图

**（vi）脑电数据分析**

由于视觉和听觉 ERP 研究的特殊性和功能性，在进行 ERP 测量和统计时，我们选择如下电极：以声音和文字出现开始至 700 ms 为止，作为脑电分段时间。选取听觉皮层所在的颞叶附近的 8 个电极 TP7、TP8、T7、T8、C5、C6、FT7 和 FT8 作为 P1 的分析电极，视觉皮层所在的枕叶附近的 8 个电极 P5、P6、P7、P8、PO5、PO6、P3 和 P4 作为 N1 的分析电极。

由于实验材料的专业性和实验的特殊性，在被试者选拔过程中合格样本仅有 7 个，不再进行统计学分析，仅进行定量分析和脑电图分析。视觉和听觉不同，通道选择的脑区电极不一样，正负极性也刚好相反，两种通道无规律可循，因此，相同时间压力不同通道下的脑电数据不做分析，仅对不同时间压力下各通道脑电数据进行分析。

听觉通道下 P1 成分各电极波幅平均值，视觉通道下 N1 成分各电极波幅平均值如表 6-5 和表 6-6 所示，图 6-16 为听觉通道下 P1 成分各电极的簇状棱锥图，图 6-17 为视觉通道下 N1 成分各电极的簇状棱锥图。

**表 6-5　听觉通道下 P1 成分各电极波幅平均值**

| 电极 | 有效样本 | 听觉 1000 ms | 听觉 500 ms |
| :---: | :---: | :---: | :---: |
| | | 波幅平均值/$\mu$V | 波幅平均值/$\mu$V |
| FT7 | 7 | 1.134 | 2.344 |
| FT8 | 7 | 4.896 | 2.631 |
| T7 | 7 | 1.237 | 2.131 |
| C5 | 7 | 1.186 | 0.850 |
| C6 | 7 | 2.489 | 1.460 |
| T8 | 7 | 3.597 | 2.581 |
| TP7 | 7 | 1.630 | 2.337 |
| TP8 | 7 | 3.550 | 2.734 |

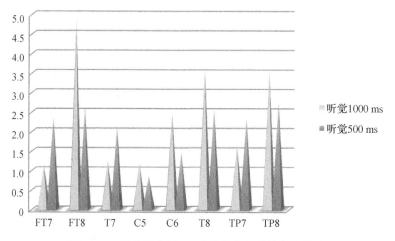

**图 6-16　听觉通道下 P1 成分各电极的簇状棱锥图**

表 6-6 视觉通道下 N1 成分各电极波幅平均值

| 电极 | 有效样本 | 视觉 1000 ms | 视觉 500 ms |
| --- | --- | --- | --- |
| | | 波幅平均值/$\mu$V | 波幅平均值/$\mu$V |
| P7 | 7 | −1.839 | −0.007 |
| P5 | 7 | −2.354 | −0.938 |
| P6 | 7 | −1.215 | −0.588 |
| P8 | 7 | −0.329 | −0.492 |
| PO5 | 7 | −2.736 | −1.347 |
| PO6 | 7 | −1.102 | −1.599 |
| P3 | 7 | −2.337 | −1.466 |
| P4 | 7 | −1.343 | −1.441 |

从图 6-16 可以看出,听觉 1000 ms 和听觉 500 ms 在 FT8 电极附近存在 P1 成分的最大波幅差距;从图 6-17 可以看出,视觉 1000 ms 和视觉 500 ms 在 PO5 电极附近存在 N1 成分的最大波幅差。图 6-18 所示为 N1 成分 PO5 电极的脑电波图,视觉 500 ms 在 135 ms 存在最大波幅 −7.403 $\mu$V,视觉 1000 ms 在 141 ms 存在最大波幅 −9.330 $\mu$V。图 6-19 为 P1 成分 FT8 电极的脑电波图,听觉 500 ms 在 72 ms 存在最大波幅 4.025 $\mu$V,听觉 1000 ms 在 92 ms 存在最大波幅 6.251 $\mu$V。

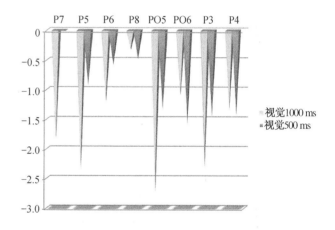

图 6-17 视觉通道下 N1 成分各电极的簇状棱锥图

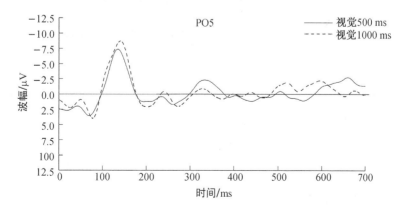

图 6-18 视听通道 N1 成分 PO5 电极的脑电波图

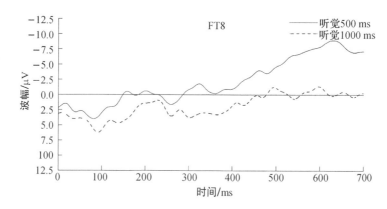

图 6-19 视听通道 P1 成分 FT8 电极的脑电波图

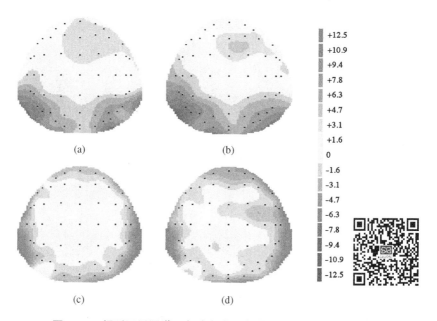

图 6-20 视听不同通道下各脑电成分在最大电压时刻的脑地形图

图 6-20 为不同情况下各脑电成分在最大电压时刻的脑地形图,图中(a)(b)(c)(d)分别代表:N1:视觉 500 ms(135 ms,-7.403 $\mu$V);N1:视觉 1000 ms(141 ms,-9.330 $\mu$V);P1:听觉 500 ms(72 ms,4.025 $\mu$V);P1:听觉 1000 ms(92 ms,6.251 $\mu$V)。

从图 6-18 和图 6-19 中可以明显看出,在 500 ms 和 1000 ms 时间压力下,视觉通道 N1 成分的潜伏期(135 ms、141 ms)均比听觉通道 P1 成分的潜伏期(72 ms、92 ms)出现得要晚;视觉通道 N1 成分的波幅值(7.403 $\mu$V、9.330 $\mu$V)均比听觉通道 P1 成分的波幅值(4.025 $\mu$V、6.251 $\mu$V)要大。脑电实验结果显示,视觉通道的可用性显著优于听觉通道的可用性。

## 6.4.5 眼动实验评估过程

为获取被试者在视听双通道下的认知机制,运用眼动追踪设备探寻被试者的视觉认知策略显得尤为必要。本实验运用 Tobii TX300 组合式眼动追踪仪进行眼动实验的验证。

眼动实验流程和脑电实验流程一致,区别在于眼动实验中将时间压力变量去除,在报警提示之前,无限时呈现,实验过程不详细展开,直接从典型眼动数据来定性解释和阐述。以"发现敌机"的报警提示为例,某典型用户的文字报警提示的注视点图和热点图分别如图 6-21 和图 6-23 所示,文字报警和声音报警提示同时出现时的注视点图和热点图如图6-22 和图 6-24 所示。

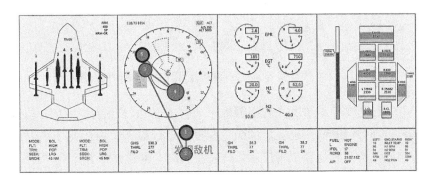

**图 6-21　文字报警提示的注视点图**

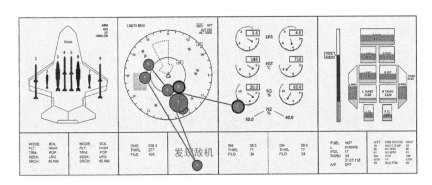

**图 6-22　文字报警和声音报警提示同时出现时的注视点图**

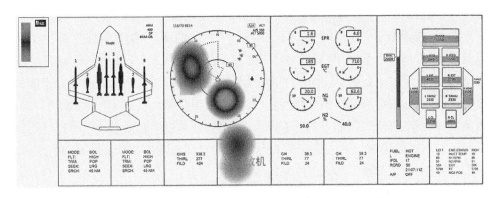

**图 6-23　文字报警提示的热点图**

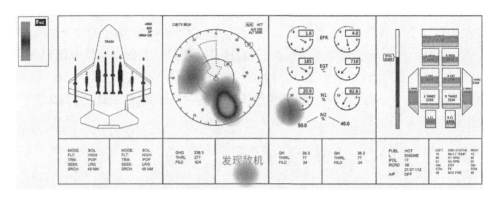

图 6-24　文字报警和声音报警提示同时出现时的热点图

如以上 4 图所示,文字报警和声音报警提示同时出现时,被试者眼睛的扫描路径要明显长于文字报警出现时的情况,兴趣区域的颜色深度要明显暗于文字报警出现时的情况。该结果说明,数字界面的视觉通道报警提示要优于视听融合通道的报警提示,即视觉通道的可用性优于听觉通道的可用性。

## 6.4.6　数据讨论和最优通道的确定

### （i）行为数据讨论

视听两种单独通道下,被试者对战斗机界面状态辨认的准确率均高于 0.8,任务的完成程度远远超过预期,因此,考虑将反应时作为行为数据,进行重点关注;被试者的反应时,在 1000 ms 视觉通道刺激下反应最慢(763.428 ms),在 1000 ms 听觉通道刺激下反应最快(524.028 ms),而 500 ms 的视听通道刺激反应时介于中间状态,从时间压力变量出发,视听两通道均不存在显著优势。该结果的出现可能和时间压力变量的设置有关,时间压力变量仅设置了两种,时间维度上跨度较小。实验任务的完成度和困难度会对被试者的情绪和积极性产生影响,本实验中任务的复杂度略显简单,增加部分任务层次和要求之后可能效果更佳。

另外,听觉通道中声音报警是逐字报音,且不存在误报音、界面状态和声音不匹配(例如:"发射导弹"的界面不会对应"燃油不足"的语音提示)的情况,被试者在实验中受到逐字声音刺激后,可提前产生意识,尤其是关键字在前面报音的情况,更加方便被试者做出快速决断;而视觉通道中文字报警提示第一时间全部呈现,被试者对文字信息的视觉搜索和定位需要花费时间,同时在理解文字语义解码之后,才可做出决断。

因此,可推断在一定时间压力范围下,界面的报警任务中声音的语音解码过程要比文字的语义解码过程更加快速。未来可探索和开展多种时间压力下视听通道刺激的反应时实验,以期获得时间压力和视听通道反应时的规律。

### （ii）脑电数据和眼动数据讨论

视觉通道下,500 ms 和 1000 ms 两种时间压力在顶枕区域产生 N1 成分,在 PO5 电极附近产生最大波幅差,N1 成分在视觉 500 ms 时的波峰潜伏期为 135 ms,最大波峰值为

－7.403 $\mu$V，在视觉 1000 ms 的波峰潜伏期为 141 ms，最大波峰值为－9.330 $\mu$V。如图 6-18 所示，视觉 1000 ms 的 N1 波幅高于视觉 500 ms 的 N1 波幅，该现象的出现表现为头皮后部唤醒度较高、幅值增强，和前人的研究结果一致[155]；且波幅极性一致，说明生理心理加工机制一样。视觉 1000 ms 的峰值潜伏期要晚于视觉 500 ms 的峰值潜伏期，该现象受刺激对比度的影响而产生，但对比不显著的原因是由于视觉刺激物的差异不大造成的。

听觉通道下，500 ms 和 1000 ms 两种时间压力在右侧额颞区域产生 P1 成分，在 FT8 电极附近产生最大波幅差，P1 成分在听觉 500 ms 时的波峰潜伏期为 72 ms，最大波峰值为 4.025 $\mu$V，在听觉 1000 ms 的波峰潜伏期为 92 ms，最大波峰值为 6.251 $\mu$V。如图 6-19 所示，听觉 1000 ms 的 P1 波幅高于听觉 500 ms 的 P1 波幅，且听觉 1000 ms 的声音频率为 500 ms 声音频率的 1/2，可推断声音刺激的频率越大，脑电波幅越小。该结果和 Marshall 的听觉训练-测试范式中提及的 P50 波幅和抑制能力成反比的结论异曲同工[159]；且波幅极性一致，说明波幅极性不受声音频率的影响，且生理心理加工机制一样。听觉 1000 ms 的峰值潜伏期要晚于听觉 500 ms 的峰值潜伏期，该现象受声音刺激频率的影响而产生，刺激频率越大，峰值潜伏期越早，说明声音刺激频率越大，右侧额颞脑区激活越早。

眼动验证实验发现，图 6-21 中注视次数为 5 次，图 6-22 中注视次数为 8 次，差异原因在于图 6-22 中敌机数量较多，任务复杂度较大。与前人研究得出的注视次数与用户加工的界面元素数目有关，而与加工深度无关[160] 的结果一致。图 6-22 比图 6-21 的扫描路径要长，且路径之间存在交叉和重叠，原因在于增加声音通道后，可能带给被试者理解和决策上的干扰，导致扫描路径变长。已有研究也表明，扫描路径越长，表明搜索行为的效率越低[160]。同时，扫描路径越长，用户信息加工复杂性也越高，也可在图 6-21 和 6-22 中得以体现。图 6-23 和图 6-24 为用户视线的热点图，可定性理解和获取单通道(视觉刺激)和双通道(视听刺激)下用户视线的兴趣区域和视觉搜索策略，图中颜色越深，代表被试者关注度和兴趣度越大。

**（iii）最优通道的确定**

脑电实验数据结果显示，不同时间压力下，视觉通道的 N1 成分的潜伏期和波幅显著优于听觉通道的 P1 成分。通过眼动实验考查视觉通道和视听融合通道条件下被试者的认知规律。眼动实验发现，视听融合通道条件下被试者眼睛的扫描路径较长，说明搜索行为效率较低，结果表明，数字界面的视觉通道报警提示要优于视听融合通道的报警提示。脑电和眼动实验的实验结果均显示，视觉通道为该界面的最优报警通道。因此，运用眼动追踪方法可显著证明脑电方法的有效性。

## 6.5　脑电评价方法与传统评价方法的对比

专家主观知识评价法、数学方法和眼动追踪方法的实例分析，均证明脑电评价方法可靠有效。

**（i）相比较传统评价方法，脑电评价方法具有如下优势**

（1）实验的科学性。脑电评价方法中，实验设计严格依据认知神经科学、认知心理学等实验设计规范，针对设计科学的特点，进行实验范式的改进和优化。

（2）数据的可靠性。通过实时采集被试者的脑电生理数据，可深入揭示被试者的内源性认知规律，更加客观和真实。同时，脑电实验针对大样本用户群体，加之实验刺激样本的批量化原则，保证了数据的可靠性。脑电数据为群体性数据，能准确反映某一认知现象的脑机制。

（3）方便设计后期的检验和验证。传统评价方法往往在设计后期的检验和验证环节，需要花费大量的时间，且验证结果往往存在差异，需要多次迭代和反复操作；而脑电评价方法所得的脑电指标，可直接对设计方案进行检验和验证，设计方案满足脑电指标的阈值和要求，即可完成检验任务，更加快捷、方便。

**（ⅱ）相比较传统评价方法，脑电评价方法也存在如下劣势**

（1）实验周期较长。脑电实验周期通常为一个月左右，被试者选拔、实验设计、正式实验和数据分析处理等环节都需要花费大量的人力和物力。

（2）实验设备贵重。传统评价方法对实验设备要求较低，主要以主观评价为主，因此，实验耗费也较少，但脑电实验设备较为贵重，通常 64 导脑电仪要 60 万元左右，高精度 128 导脑电仪需要花费 120 万元左右。

（3）实验耗材贵重。脑电实验中对于导电膏、去角质膏、脱脂棉和钝形注射器等实验耗材，消耗较多，且价格较为昂贵，而传统评价方法基本上不需要耗材。

总之，脑电评价方法在科学高度上具有优越性和前瞻性，但实际应用中，需根据实际条件、经费预算和时间要求，选择合适的评价方法，来完成对设计的评价。

# 6.6　本章小结

本章运用专家主观知识评价法、层次-灰度-集对分析数学评价方法和眼动追踪方法等数字界面可用性传统评价方法，对脑电评估方法进行了实例对比分析。运用脑电方法和专家主观知识评价法对界面图形框架的 2 个方案进行了评估，两种方法所得评价结果一致；运用脑电方法和层次-灰度-集对分析数学评价方法，对某款数字界面的 3 个方案进行评估，两种方法所得评价结果一致；运用脑电方法和眼动追踪法，对战斗机子功能界面视听双通道下的优劣进行了全面验证和分析，两种方法所得评价结果一致。通过 3 个案例的实施和验证，证实了本书提出的数字界面可用性的脑电评估方法切实可行，能够顺利完成界面及其考察对象的评估和验证。最后，对脑电评价方法和传统评价方法进行了对比。

# 第7章 数字界面可用性脑电评价方法在脑机交互中的探索

## 7.1 引言

未来,随着科学技术的发展,更加自然、宜人、实用的交互手段将会出现,眼机交互、脑机交互也将变为通用交互手段。在计算机科学、设计科学、认知神经科学的交叉下,脑机交互将进入前所未有的辉煌和高度,不仅可为肢体障碍、瘫痪用户提供前所未有的方便和关怀,还可运用脑电波实现对计算机的控制。本章对脑机交互技术进行了简要介绍,随后提出了脑电评估方法在界面设计和评估、脑机交互中的应用,最后对局部评估方法在脑机交互中的具体应用进行详细论述,开发了基于图标控制的脑机交互方法,讨论了界面其他元素脑机交互方法的实现。

## 7.2 脑机交互技术

### 7.2.1 脑机交互技术的概念

脑机交互技术(BCI)兴起于20世纪70年代,脑机交互是指在人脑与计算机或其他电子设备之间建立的直接的交流和控制通道,它不依赖于由外周神经系统和肌肉组织组成的大脑正常输出通路[161-167]。脑机交互通过采集原始脑电信号,经过预处理、去除部分噪声,并经过模式识别、特征提取和分类识别,分辨出引发脑电变化的动作意图,并运用计算机把人的思维活动转变成命令信号驱动外部设备,直接用脑来控制和操作设备,如图7-1所示。脑机交互区别于人机交互的最主要的特点在于,只需大脑的参与和脑电信号的检测,而不需要肌肉的反应,更加简单和实用。

BCI系统中最主要的交互手段是生物反馈,生物反馈是系统将输出结果反馈给使用

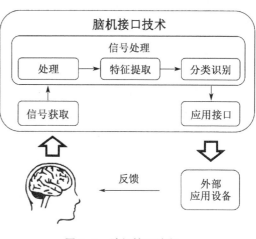

**图7-1 脑机接口流程**

者,使用者将结果与自己的期望对比后,对自身生理状态进行一定调节,使得系统输出更接近期望值。常见的生物反馈有肌电反馈、皮电反馈、体温反馈、脑电反馈及心电反馈[168]。BCI技术的研究和发展,涉及脑科学、认知神经科学、设计学、心理学、人机工效学、信息科学、电子技术、计算机科学等多交叉学科,具有非常重要的科学和应用价值。

### 7.2.2　脑机交互技术应用系统

目前,脑机交互技术的研究难点主要集中在信号获取和信号处理上。在信号获取上,除了通用的脑电信号(EEG)、脑磁扫描(MEG)、近红外光谱(NIRS)、功能性磁共振成像(fM-RI)和光子断层摄影(SPECT)等手段外,事件相关电位(ERP)由于其实验设计中刺激具有特殊的心理意义,可获取多个或多样刺激所引起的脑电成分,并可方便实现脑电信号的特征提取和分类识别。因此,在脑机接口的信号处理技术难点上,事件相关电位(ERP)技术显得更具优势,尤其在运用界面元素实现数字界面的脑机交互上更加客观和实际。

BCI应用系统主要分为两大类应用:其一是直接用脑电信号控制家电、医疗器材等智能设备,其二是实现对计算机的控制。后文中针对第二点开展数字界面脑机交互的探索性研究,通过视觉诱发事件相关电位的脑机接口,研究数字界面元素视觉认知的脑电分析方法,并进行数字界面元素脑电实验,将实验得到的数字界面的脑电成分和脑内神经发生源用于数字界面脑机接口的二次开发,提出光标、图标、导航栏和菜单栏等数字界面元素的脑机交互实现方法,并探索性研制脑机交互产品。

## 7.3　数字界面可用性脑电评价方法的用途

### 7.3.1　在数字界面设计和评估中的应用

数字界面可用性的脑电评价方法,对界面设计和评估的参考作用和意义如下:

(1)在界面设计过程中,对可用性的实时评估和检验。例如,在界面元素的设计过程中,P200和N100可作为界面配色的重要参考指标,根据这两个脑电成分的变化规律,来完成对配色优劣的实时评估和检验,指导和改进设计。

(2)对已有界面可用性的脑电评估。将已有界面解构,开展脑电实验,根据相应脑电成分的评估原则,用脑电波幅和潜伏期来量化已有界面的可用性。

(3)对用户认知绩效的测量。根据界面整体评估方法,通过设计相应实验任务,可完成对用户认知绩效的测量,例如,通过P300脑电成分波幅的大小可考察用户对界面的认知负荷的多少。

### 7.3.2　在数字界面脑机交互中的应用

数字界面可用性评价的脑电实验,对脑机交互的参考作用和意义如下:

(1)利用本书提出的脑电实验范式,可为脑机交互前期中被试者培训和学习环节中的实验设计提供参考。

（2）根据已获得的数字界面元素的脑电成分及其阈值,可将其作为脑机交互中的激活信号,获取数字界面脑机交互体系中的脑电阈值范围,建立脑电控制指令。

（3）结合本书脑机交互原理和流程,可提出不同元素对数字界面的脑机控制方法。

（4）可完成图标认知脑机交互产品、导航栏选择性注意脑机交互产品、界面配色脑机交互产品的开发,实现对界面元素可用性评估结果的快速输出。

（5）根据基于脑电的界面整体评估方法和局部评估方法,对不同元素的脑电信号进行整合,尝试开发用于数字界面整体系统的脑机交互产品。

根据研究结果可知,数字界面与以下脑电成分相关:图标记忆认知负荷与 P300、P200 有关;导航栏选择性注意与 P200、N400 有关;界面配色与 N100、P200 有关。鉴于此结论,未来可尝试将以上成分应用于脑机交互中,实现脑机交互产品或系统的开发。

## 7.4　局部评价方法在脑机交互中的具体应用

数字界面元素在脑机交互中的应用,主要通过采集被试者在视觉实验任务中的脑电波,根据处理过的脑电成分,对计算机微处理器中的脑电信号库进行匹配,信号一致即可激活命令,实现数字界面元素脑电信号和计算机之间的无操作交互。

数字界面可用性的局部评价方法包括对界面颜色、图标设计、按钮设计和屏幕布局的可用性评估,整体评价方法包括直接观察法和任务试验分析法。

运用界面整体评价方法实现脑机交互时,数字界面需要整体呈现,用户要完成大量信息的理解和记忆,因此,对信号分离和特征提取的任务将异常复杂和困难,可行性非常有限。未来,可探索新的方法和技术来解决该问题,实现整体评价方法在脑机交互中的应用。现阶段,根据数字界面的解构原则,可尝试运用局部评价方法实现对数字界面的脑机交互。

### 7.4.1　数字界面元素脑机交互的文献综述

数字界面元素在脑机交互中的应用,主要通过实验任务完成视觉运动,同时采集被试者的脑电波,根据处理过的脑电成分,对计算机微处理器中的脑电信号库进行匹配,信号一致即可激活命令,实现数字界面元素脑电信号和计算机之间的无操作交互。

在数字界面脑机交互方式领域,国内学者朱誉环等[169]提出了一种多模式脑电控制的智能打字方法,实现了计算机打字的无肢体动作遥控过程;官金安等[170]提出了一种用脑电波控制的虚拟中英文通用键盘设计方案,实现了通过脑电波对计算机直接输入中英文信息;刘鹏等[171]提出了一种运动想象脑电信号特征的提取方法,以期用于对光标的控制。

在 ERP 脑电成分的脑机交互领域,吴边等[172]基于 P300 电位,提出了新型 BCI 中文输入虚拟键盘系统;洪波等[173]运用 N2 电位,提出了一种以视觉运动相关神经信号为载体的人机交互方法;李晓玲等[174]开发了一种通过脑电波来测定脑力负荷的实验系统。

综上所述,在数字界面脑机交互领域,国内学者多是以脑电波的文字输入研究为主,或是通过运动想象实现对光标的控制,实用性和应用范围非常有限。在 ERP 脑电成分的脑机交互领域,P300、N200 电位已经用于脑机交互中,实际与认知相关的脑电成分非常多,但尚缺乏利用数字界面元素认知来开展数字界面脑机交互的研究。

### 7.4.2　图标控制的数字界面脑机交互方法

图标是数字界面中的最重要元素和组成部分,将成为未来数字界面脑机交互的重要输入方式之一。在综合前文技术基础上,以图标元素为认知对象,提出图标控制的数字界面脑机交互方法,实现界面元素对数字界面脑机控制的初次探索。

本节从 ERP 应用角度提出了基于图标控制的数字界面脑机交互方法。该方法主要分为以下步骤:图标搜集与处理;获取图标图片的用户计算机功能控制命令;目标图标图片的脑电信号的时域和频域特征提取;相似度计算和激发目标图标图片的控制指令,如图 7-2 所示。

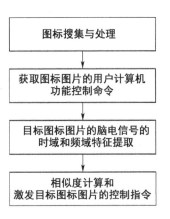

图 7-2　基于图标控制的数字界面脑机交互方法的流程图

**（ⅰ）图标搜集与处理**

从多款数字界面中搜集 $i$ 个功能图标图片,$i=1,2,\cdots,10$,运用 Photoshop、Illustrator 或 Coreldraw 图形图像处理软件对图标图片进行处理,得到面积和像素均为 48 px×48 px 的 png 格式的图标图片,将 png 格式的图标图片放入面积为 1024 px×768 px 的白色背景图片中央,生成文件格式为 bmp 的图标图片。

图标搜集通过运用截屏工具从数字界面中获取常用功能图标图片,功能图标图片有关闭图标图片、保存图标图片、撤销图标图片、前进图标图片、放大图标图片、缩小图标图片、选择图标图片、剪切图标图片、最大化图标图片或最小化图标图片等常用图标。图标的处理是为了排除因视角和清晰度不同而产生的干扰。如图 7-3 所示,以"放大镜"为例,从 Visio 软件、图片预览软件、Photoshop CC 和 AutoCAD 软件等 10 款数字界面中,搜集"放大镜"功能图标图片,通过图形图像软件的处理,生成满足测试要求的图标图片。

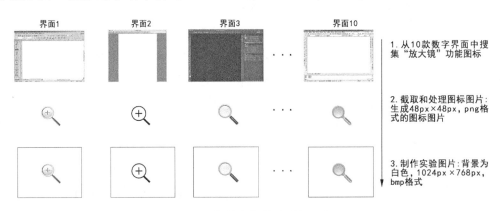

图 7-3　图标搜集与处理过程示意图

**（ⅱ）获取图标图片的用户计算机功能控制命令**

获取图标图片的用户计算机功能控制命令包括以下阶段:脑电设备与测试用计算机的通信,测试过程,原始信号离线分析,群组平均脑电信号时域和频域特征的提取和微处理器处理。

（1）脑电设备与测试用计算机的通信

将事件相关电位 ERP 脑电设备与装载 E-Prime 软件的测试用计算机连接，以实现事件相关电位 ERP 脑电设备与装载 E-Prime 软件的测试用计算机的通信。

E-Prime 软件是一套针对心理与行为实验的计算机化的实验设计、生成和运行软件，事件相关电位是从自发电位中经计算机提取而获得的脑的高级功能电位，事件相关电位 ERP 脑电设备为 Neuroscan 事件相关电位系统。如图 7-4 所示，事件相关电位 ERP 脑电设备与装载 E-Prime 软件的测试用计算机的通信是在 E-Prime 中选取和脑电设备相对应的数据传输 com 接口，和在 E-Prime 中插入 inline 语句，实现脑电设备的触发、记录、视觉刺激以及脑电信号的同步和标记。

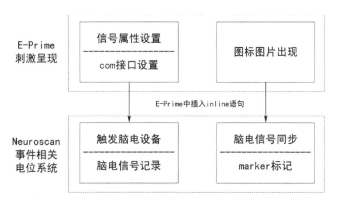

图 7-4　脑电设备与测试用计算机的通信示意图

（2）测试过程

选取 20 名被试者，每名被试者对每张图标图片均进行 10 次重复测试，每张图标图片获得 200 个测试样本，并将这 200 个测试样本组成一个群组，测试过程为：将一张测试图像呈现在被试者的面前并对被试者的视觉形成刺激，使用佩戴在被试者头上的由事件相关电位 ERP 脑电设备中配置的电极帽以及 Scan 软件采集被试者对测试图像的刺激时段的原始脑电信号且采样率为 500 Hz，遍历所有单张测试图像，得到被试者对所有测试图像的刺激时段的原始脑电信号。测试图像的呈现包括提示阶段、图标图片视觉刺激呈现阶段及空屏阶段，在提示阶段，屏幕中央将呈现面积为 32 px×32 px 的黑色十字叉，呈现 1000 ms 后消失，该阶段被试者需集中注意力；在图标图片视觉刺激呈现阶段，屏幕中央将呈现面积为 48 px×48 px 的任一单张图标图片，被试者仔细观察任一单张图标图片，呈现 1000 ms 后消失；在空屏阶段，屏幕呈现白色空屏，呈现时间为 1000 ms，以消除被试者的视觉残留。

被试者数量为 20 名，其中男女各 10 名，均具有大学教育背景，年龄在 20～30 岁之间，均为右利手，无精神病史或大脑创伤，视力正常或矫正视力正常。Neuroscan 事件相关电位系统包括 Synamp 2 导信号放大器、Scan 脑电记录分析系统和 64 导 Ag/AgCl 电极帽，按照国际脑电图学会标定的 10-20 电极导联定位标准来放置电极。Scan 软件是 Neuroscan 事件相关电位系统的脑电信号记录和分析处理软件，脑电信号记录之前，Scan 参数设置包括：

参考电极置于双侧乳突连线,接地电极在 FPZ 电极和 FZ 电极连线中点,同时记录水平眼电和垂直眼电,高低带通为 0.05~100 Hz,采样频率为 500 赫兹/导,电极与头皮接触电阻均小于 5 kΩ。测试过程中刺激呈现采用 E-Prime 软件,每个事件类型的脑电信号通过 Scan 软件同步记录。视觉刺激程序在 E-Prime 上运行,通过显示器呈现,测试过程中所有图片背景均为白色,所有刺激物均位于屏幕中央,如图 7-5 所示为测试过程示意图。

图 7-5　脑电测试过程示意图

(3) 原始信号离线分析

用 Scan 软件对原始脑电信号进行离线分析,离线分析包括对各原始脑电信号进行预处理和各群组叠加平均,获取各图标图片的群组平均脑电信号 $\bar{y}_i(t)$。$\bar{y}_i(t)$ 为图标图片的群组平均脑电信号的表达通式,表示第 $i$ 个图标图片的群组平均脑电信号。

预处理是先分别对各个原始脑电信号进行预览和去除眼电伪迹;再对原始脑电信号进行分段提取,得到第 $i$ 个图标图片视觉刺激原始脑电信号 $y_i(t)$,$t$ 为采样时间点且 $t = 1000 + 2m$,$m$ 为图标图片视觉刺激原始脑电信号的采样个数且 $m$ 为区间[1, 500]上的整数;最后对图标图片视觉刺激原始脑电信号 $y_i(t)$ 进行基线矫正及去除伪迹。群组叠加平均是分别对 20 名被试者的 10 次测试所得的去除伪迹后的图标图片视觉刺激原始脑电信号 $y_i(t)$ 进行叠加平均,得到 $\bar{y}_i(t)$。

离线分析是对记录到的原始生理信号进行再分析处理的过程,离线分析的所有过程是在 Scan 软件中完成的,离线分析过程包括脑电预览、去除眼动伪迹、脑电信号分段、基线矫正、去除伪迹和群组叠加平均,如图 7-6 所示。脑电预览指剔除明显漂移的脑电数据;去除眼动伪迹通过参考眼电的幅值正负、眼电方向与脑电方向,运用 ICA 独立成分分析法来实现;原始脑电信号分段提取通过对连续记录的原始脑电数据进行分段,根据每张图标图片出现的时间点和 marker 标记选取图标图片从出现到消失的 1000 ms,即截取每张图标图片出现前后总计 1000 ms 时长的时间段;基线矫正可消除脑电相对基线的偏移,以图标图片出现时的信号为基线进行基线矫正;去除伪迹将分段时间内的脑电数据中幅度较高的伪迹剔除,伪迹剔除的幅值设定范围为 $\pm 50\ \mu V \sim \pm 100\ \mu V$;群组叠加平均是对所有被试者的脑电数据进行总叠加和平均,得到相应图标图片的群组平均脑电信号。单个被试者对每种图标图片的重复测试次数为 10 次,测试样本人数为 20,共计 200 次,即单个图标

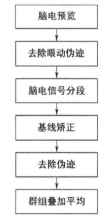

图 7-6　原始脑电信号离线分析图

图片的群组平均脑电信号是 200 次叠加平均后的脑电信号。

（4）群组平均脑电信号时域和频域特征的提取

分别对各图标图片的群组平均脑电信号 $\bar{y}_i(t)$ 进行时域和频域特征的提取，时域特征 $\overline{Y}_i$ 包括均值 $\overline{Y}_{i1}$、绝对平均幅值 $\overline{Y}_{i2}$、方差 $\overline{Y}_{i3}$、均方根值 $\overline{Y}_{i4}$、峰值 $\overline{Y}_{i5}$、波形因子 $\overline{Y}_{i6}$、峭度因子 $\overline{Y}_{i7}$ 和偏斜度因子 $\overline{Y}_{i8}$，频域特征 $\overline{S}_i$ 包括频谱平均振幅 $\overline{S}_{i1}$、频谱方差 $\overline{S}_{i2}$、第一频谱特征频率 $\overline{S}_{i3}$ 和第二频谱特征频率 $\overline{S}_{i4}$。

① 第 $i$ 个图标图片的群组平均脑电信号 $\bar{y}_i(t)$ 的时域特征的提取方法如下：

第 $i$ 个图标图片的群组平均脑电信号 $\bar{y}_i(t)$ 的时域特征 $\overline{Y}_i$ 中的均值 $\overline{Y}_{i1}$ 为：

$$\overline{Y}_{i1} = \frac{1}{500} \sum_{1002}^{2000} \bar{y}_i(t) = \frac{1}{500} \sum_{m=1}^{500} \bar{y}_i(1000 + 2m) \tag{7-1}$$

第 $i$ 个图标图片的群组平均脑电信号 $\bar{y}_i(t)$ 的时域特征 $\overline{Y}_i$ 中的绝对平均幅值 $\overline{Y}_{i2}$ 为：

$$\overline{Y}_{i2} = \frac{1}{500} \sum_{1002}^{2000} |\bar{y}_i(t)| = \frac{1}{500} \sum_{m=1}^{500} \left| \bar{y}_i(1000 + 2m) \right| \tag{7-2}$$

第 $i$ 个图标图片的群组平均脑电信号 $\bar{y}_i(t)$ 的时域特征 $\overline{Y}_i$ 中的方差 $\overline{Y}_{i3}$ 为：

$$\overline{Y}_{i3} = \frac{1}{499} \sum_{1002}^{2000} \left[ \bar{y}_i(t) - \overline{Y}_{i1} \right]^2 = \frac{1}{499} \sum_{m=1}^{500} \left[ \bar{y}_i(1000 + 2m) - \overline{Y}_{i1} \right]^2 \tag{7-3}$$

第 $i$ 个图标图片的群组平均脑电信号 $\bar{y}_i(t)$ 的时域特征 $\overline{Y}_i$ 中的均方根值 $\overline{Y}_{i4}$ 为：

$$\overline{Y}_{i4} = \sqrt{\frac{1}{500} \sum_{1002}^{2000} \left[ \bar{y}_i(t) \right]^2} = \sqrt{\frac{1}{500} \sum_{m=1}^{500} \left( \bar{y}_i(1000 + 2m) \right)^2} \tag{7-4}$$

第 $i$ 个图标图片的群组平均脑电信号 $\bar{y}_i(t)$ 的时域特征 $\overline{Y}_i$ 中的峰值 $\overline{Y}_{i5}$ 为：

$$\overline{Y}_{i5} = \max\left[ \bar{y}_i(t) \right] - \min\left[ \bar{y}_i(t) \right] = \max\left[ \bar{y}_i(1000 + 2m) \right] - \min\left[ \bar{y}_i(1000 + 2m) \right]$$
$$\tag{7-5}$$

第 $i$ 个图标图片的群组平均脑电信号 $\bar{y}_i(t)$ 的时域特征 $\overline{Y}_i$ 中的波形因子 $\overline{Y}_{i6}$ 为：

$$\overline{Y}_{i6} = \frac{\sqrt{\dfrac{1}{500} \sum_{1002}^{2000} \left[ \bar{y}_i(t) \right]^2}}{\dfrac{1}{500} \sum_{1002}^{2000} \left| \bar{y}_i(t) \right|} = \frac{\sqrt{\dfrac{1}{500} \sum_{m=1}^{500} \left[ \bar{y}_i(1000 + 2m) \right]^2}}{\dfrac{1}{500} \sum_{m=1}^{500} \left| \bar{y}_i(1000 + 2m) \right|} = \frac{\overline{Y}_{i4}}{\overline{Y}_{i2}} \tag{7-6}$$

第 $i$ 个图标图片的群组平均脑电信号 $\bar{y}_i(t)$ 的时域特征 $\overline{Y}_i$ 中的峭度因子 $\overline{Y}_{i7}$ 为：

$$\overline{Y}_{i7} = \frac{\dfrac{1}{500}\sum\limits_{1002}^{2000}\left[\overline{y}_i(t)\right]^4}{\left[\dfrac{1}{500}\sum\limits_{1002}^{2000}\left(\overline{y}_i(t)\right)^2\right]^2} = \frac{\dfrac{1}{500}\sum\limits_{m=1}^{500}\left[\overline{y}_i(1000+2m)\right]^4}{\left[\dfrac{1}{500}\sum\limits_{m=1}^{500}\left(\overline{y}_i(1000+2m)\right)^2\right]^2} \tag{7-7}$$

第 $i$ 个图标图片的群组平均脑电信号 $\overline{y}_i(t)$ 的时域特征 $\overline{Y}_i$ 中的偏斜度因子 $\overline{Y}_{i8}$ 为：

$$\overline{Y}_{i8} = \frac{\dfrac{1}{500}\sum\limits_{1002}^{2000}\left[\overline{y}_i(t)\right]^3}{\left(\sqrt{\dfrac{1}{500}\sum\limits_{1002}^{2000}\left(\overline{y}_i(t)\right)^3}\right)^3} = \frac{\dfrac{1}{500}\sum\limits_{m=1}^{500}\left[\overline{y}_i(1000+2m)\right]^3}{\left(\sqrt{\dfrac{1}{500}\sum\limits_{m=1}^{500}\left(\overline{y}_i(1000+2m)\right)^3}\right)^3} \tag{7-8}$$

以上 8 个式子中，$y_i(t)$ 均为第 $i$ 个图标图片视觉刺激原始脑电信号，$\overline{y}_i(t)$ 为第 $i$ 个图标图片的群组平均脑电信号，$t$ 均为采样时间点且 $t=1000+2m$，$m$ 均为图标图片视觉刺激原始脑电信号的采样个数且 $m$ 均为区间 $[1,500]$ 上的整数。

② 第 $i$ 个图标图片的群组平均脑电信号 $\overline{y}_i(t)$ 的频域特征的提取方法如下：

首先，分别对图标图片的群组平均脑电信号 $\overline{y}_i(t)$ 进行傅立叶变换，得到如下 $\overline{y}_i(t)$ 的频谱函数：

$$\overline{S}_i(k) = \sum\limits_{1002}^{2000}\mathrm{e}^{-\mathrm{i}\frac{2\pi}{500}tk}\,\overline{y}_i(t) = \sum\limits_{m=1}^{500}\mathrm{e}^{-\mathrm{i}\frac{2\pi}{500}(1000+2m)k}\,\overline{y}_i(1000+2m) \tag{7-9}$$

式中：i 代表复数单位；$t$ 为采样时间点且 $t=1000+2m$，$m$ 为图标图片视觉刺激原始脑电信号的采样个数且 $m$ 为区间 $[1,500]$ 上的整数；$k$ 代表谱线数且为区间 $[1,500]$ 上的整数。

然后，对图标图片的群组平均脑电信号频域特征指标 $\overline{S}_i$ 提取如下：

第 $i$ 个图标图片的群组平均脑电信号的频域特征 $\overline{S}_i$ 中频谱平均振幅 $\overline{S}_{i1}$ 为：

$$\overline{S}_{i1} = \frac{\sum\limits_{k=1}^{500}\overline{S}_i(k)}{500} \tag{7-10}$$

第 $i$ 个图标图片的群组平均脑电信号的频域特征 $\overline{S}_i$ 中频谱方差 $\overline{S}_{i2}$ 为：

$$\overline{S}_{i2} = \frac{\sum\limits_{k=1}^{500}\left(\overline{S}_i(k)-\overline{S}_{i1}\right)^2}{499} \tag{7-11}$$

第 $i$ 个图标图片的群组平均脑电信号的频域特征 $\overline{S}_i$ 中第一频谱特征频率 $\overline{S}_{i3}$ 为：

$$\overline{S}_{i3} = \frac{\sum\limits_{k=1}^{500}\overline{S}_i(k)f_k}{\sum\limits_{k=1}^{500}\overline{S}_i(k)} \tag{7-12}$$

第 $i$ 个图标图片的群组平均脑电信号的频域特征$\overline{S}_i$ 中第二频谱特征频率$\overline{S}_{i4}$ 为：

$$\overline{S}_{i4} = \sqrt{\frac{\sum\limits_{k=1}^{500} \overline{S}_i(k)\left(f_k - \overline{S}_{i3}\right)^2}{500}} \tag{7-13}$$

以上 4 个式子中，$\overline{S}_i(k)$ 均为对图标图片的群组平均脑电信号$\overline{y}_i(t)$ 进行傅立叶变换而得到的，均表示第 $i$ 个图标图片群组平均脑电信号$\overline{y}_i(t)$ 的频谱，$f_k$ 均为第 $k$ 条谱线的频率值，$f_k$ 的计算公式为$f_k = \dfrac{k \cdot Fs}{500}$，其中 $Fs$ 的采样频率为 500 赫兹／导，$k$ 均代表谱线数且均为区间$[1, 500]$上的整数。

（5）微处理器处理

分别将已提取的各图标图片的群组平均脑电信号的时域特征值和频域特征值送入微处理器处理，转换为用户计算机可识别的数字信号，并通过 USB 或其他通用输入端口送入用户计算机的控制信号输入端，作为相应图标图片的用户计算机的功能控制命令，存储于用户计算机的图标激发命令模块。

如图 7-7 所示，该步骤是将已提取的各图标图片的群组平均脑电信号的时域特征值和频域特征值送入微处理器处理，转换为用户计算机可识别的数字信号，并通过 USB 或其他通用输入端口送入用户计算机的控制信号输入端，作为相应图标图片的用户计算机的功能控制命令，存储于用户计算机的图标激发命令模块，用于激发用户计算机中的关闭图标、保存图标、撤销图标、前进图标、放大图标、缩小图标、选择图标、剪切图标、最大化图标或最小化图标。

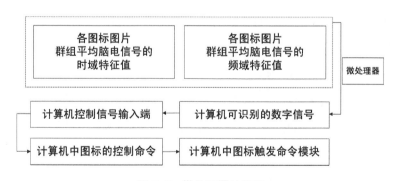

**图 7-7　微处理器处理图**

**（iii）目标图标图片的脑电信号的时域和频域特征提取**

将事件相关电位 ERP 脑电设备与用户计算机连接，用户佩戴由事件相关电位 ERP 脑电设备中配置的电极帽，观察既定的目标图标图片，使既定的目标图标图片对用户产生 1000 ms 的刺激，使用事件相关电位 ERP 脑电设备中配置的 Scan 软件采集受刺激时的用户原始脑电信号且采样率为 500 Hz，对所采集到的受刺激时的用户的原始脑电信号进行预览、去除眼电伪迹、基线矫正及去除伪迹，再对去除伪迹后的脑电信号 $y'_i(t')$ 进行时域特征 $Y_i$ 和频域特征 $S_i$ 的提取。

$y'_i(t')$ 为去除伪迹后受既定的目标图标图片刺激时的脑电信号的表达通式,表示第 $i$ 个图标图片所对应的既定的目标图标图片的脑电信号,$t'$ 为观察既定的目标图标图片时的脑电采样时间点,既定的目标图标图片刺激开始为计时零点,且 $t' = 2n$,其中 $n$ 为既定的目标图标图片刺激原始脑电信号的采样个数且 $n$ 为区间 $[1, 500]$ 上的整数。

时域特征 $Y_i$ 包括均值 $Y_{i1}$、绝对平均幅值 $Y_{i2}$、方差 $Y_{i3}$、均方根值 $Y_{i4}$、峰峰值 $Y_{i5}$、波形因子 $Y_{i6}$、峭度因子 $Y_{i7}$ 和偏斜度因子 $Y_{i8}$,其中第 $i$ 个图标图片所对应的既定的目标图标图片的脑电信号 $y'_i(t')$ 的时域特征的提取方法如下:

第 $i$ 个图标图片所对应的既定的目标图标图片的脑电信号 $y'_i(t')$ 的时域特征 $Y_i$ 中的均值 $Y_{i1}$ 为:

$$Y_{i1} = \frac{1}{500} \sum_{2}^{1000} y'_i(t') = \frac{1}{500} \sum_{n=1}^{500} y'_i(2n) \tag{7-14}$$

第 $i$ 个图标图片所对应的既定的目标图标图片的脑电信号 $y'_i(t')$ 的时域特征 $Y_i$ 中的绝对平均幅值 $Y_{i2}$ 为:

$$Y_{i2} = \frac{1}{500} \sum_{2}^{1000} |y'_i(t')| = \frac{1}{500} \sum_{n=1}^{500} \left| y'_i(2n) \right| \tag{7-15}$$

第 $i$ 个图标图片所对应的既定的目标图标图片的脑电信号 $y'_i(t')$ 的时域特征 $Y_i$ 中的方差 $Y_{i3}$ 为:

$$Y_{i3} = \frac{1}{499} \sum_{2}^{1000} \left[ y'_i(t') - Y_{i1} \right]^2 = \frac{1}{499} \sum_{n=1}^{500} \left[ y'_i(2n) - Y_{i1} \right]^2 \tag{7-16}$$

第 $i$ 个图标图片所对应的既定的目标图标图片的脑电信号 $y'_i(t')$ 的时域特征 $Y_i$ 中的均方根值 $Y_{i4}$ 为:

$$Y_{i4} = \sqrt{\frac{1}{500} \sum_{2}^{1000} \left[ y'_i(t') \right]^2} = \sqrt{\frac{1}{500} \sum_{n=1}^{500} \left[ y'_i(2n) \right]^2} \tag{7-17}$$

第 $i$ 个图标图片所对应的既定的目标图标图片的脑电信号 $y'_i(t')$ 的时域特征 $Y_i$ 中的峰峰值 $Y_{i5}$ 为:

$$Y_{i5} = \max[y'_i(t')] - \min[y'_i(t')] = \max[y'_i(2n)] - \min[y'_i(2n)] \tag{7-18}$$

第 $i$ 个图标图片所对应的既定的目标图标图片的脑电信号 $y'_i(t')$ 的时域特征 $Y_i$ 中的波形因子 $Y_{i6}$ 为:

$$Y_{i6} = \frac{\sqrt{\dfrac{1}{500} \sum_{2}^{1000} \left[ y'_i(t') \right]^2}}{\dfrac{1}{500} \sum_{2}^{1000} |y'_i(t')|} = \frac{\sqrt{\dfrac{1}{500} \sum_{n=1}^{500} \left[ y'_i(2n) \right]^2}}{\dfrac{1}{500} \sum_{n=1}^{500} |y'_i(2n)|^2} = \frac{Y_{i4}}{Y_{i2}} \tag{7-19}$$

第 $i$ 个图标图片所对应的既定的目标图标图片的脑电信号 $y'_i(t')$ 的时域特征 $Y_i$ 中的峭

度因子 $Y_{i7}$ 为：

$$Y_{i7} = \frac{\frac{1}{500}\sum_{2}^{1000}\left[y'_i(t')\right]^4}{\left[\frac{1}{500}\sum_{2}^{1000}(y'_i(t'))^2\right]^2} = \frac{\frac{1}{500}\sum_{n=1}^{500}\left[y'_i(2n)\right]^4}{\left[\frac{1}{500}\sum_{n=1}^{500}(y'_i(2n))^2\right]^2} \tag{7-20}$$

第 $i$ 个图标图片所对应的既定的目标图标图片的脑电信号 $y'_i(t')$ 的时域特征 $Y_i$ 中的偏斜度因子 $Y_{i8}$ 为：

$$Y_{i8} = \frac{\frac{1}{500}\sum_{2}^{1000}\left[y'_i(t')\right]^3}{\left(\sqrt{\frac{1}{500}\sum_{2}^{1000}(y'_i(t'))^3}\right)^3} = \frac{\frac{1}{500}\sum_{n=1}^{500}\left[y'_i(2n)\right]^3}{\left(\sqrt{\frac{1}{500}\sum_{n=1}^{500}(y'_i(2n))^3}\right)^3} \tag{7-21}$$

以上 8 个式子中，$y'_i(t')$ 均为第 $i$ 个图标图片所对应的既定的目标图标图片的脑电信号，$t'$ 均为观察既定的目标图标图片时脑电采样时间点且 $t' = 2n$，其中 $n$ 为既定的目标图标图片刺激原始脑电信号的采样个数，且 $n$ 为区间 $[1, 500]$ 上的整数。

频域特征 $S_i$ 包括频谱平均振幅 $S_{i1}$、频谱方差 $S_{i2}$、第一频谱特征频率 $S_{i3}$ 和第二频谱特征频率 $S_{i4}$，其中第 $i$ 个图标图片所对应的既定的目标图标图片的脑电信号 $y'_i(t')$ 的频域特征的提取方法如下：

首先，分别对既定的目标图标图片的脑电信号 $y'_i(t')$ 进行傅立叶变换，得到 $y'_i(t')$ 的频谱函数 $S_i(k')$：

$$S_i(k') = \sum_{2}^{1000} e^{-i\frac{2\pi}{500}t'k'} y'_i(t') = \sum_{n=1}^{500} e^{-i\frac{2\pi}{500}2nk'} y'_i(2n) \tag{7-22}$$

式中：i 代表复数单位；$t'$ 均为观察既定的目标图标图片时脑电采样时间点且 $t' = 2n$，其中 $n$ 为既定的目标图标图片刺激原始脑电信号的采样个数且 $n$ 为区间 $[1, 500]$ 上的整数；$k'$ 代表谱线数且为区间 $[1, 500]$ 上的整数。

然后，对图标图片的群组平均脑电信号频域特征指标 $S_i$ 提取如下：

第 $i$ 个图标图片所对应的既定的目标图标图片的脑电信号 $y'_i(t')$ 的频域特征 $S_i$ 中频谱平均振幅 $S_{i1}$ 为：

$$S_{i1} = \frac{\sum_{k'=1}^{500} S_i(k')}{500} \tag{7-23}$$

第 $i$ 个图标图片所对应的既定的目标图标图片的脑电信号 $y'_i(t')$ 的频域特征 $S_i$ 中频谱方差 $S_{i2}$ 为：

$$S_{i2} = \frac{\sum_{k'=1}^{500}\left[S_i(k') - S_{i1}\right]^2}{499} \tag{7-24}$$

第 $i$ 个图标图片所对应的既定的目标图标图片的脑电信号 $y'_i(t')$ 的频域特征 $S_i$ 中第一频谱特征频率 $S_{i3}$ 为：

$$S_{i3} = \frac{\sum\limits_{k'=1}^{500} S_i(k')f'_{k'}}{\sum\limits_{k'=1}^{500} S_i(k')} \tag{7-25}$$

第 $i$ 个图标图片所对应的既定的目标图标图片的脑电信号 $y'_i(t')$ 的频域特征 $S_i$ 中第二频谱特征频率 $S_{i4}$ 为：

$$S_{i3} = \sqrt{\frac{\sum\limits_{k'=1}^{500} S_i(k')(f'_{k'} - S_{i3})^2}{500}} \tag{7-26}$$

以上 4 个式子中，$S_i(k')$ 均为对第 $i$ 个图标图片所对应的既定的目标图标图片的脑电信号 $y'_i(t')$ 进行傅立叶变换而得到的，均表示第 $i$ 个图标图片所对应的既定的目标图标图片的脑电信号 $y'_i(t')$ 的频谱，$f'_{k'}$ 均为第 $k'$ 条谱线的频率值，$f'_{k'}$ 的计算公式为 $f'_{k'} = \dfrac{k' \cdot Fs}{500}$，其中 $Fs$ 的采样频率为 500 赫兹／导，$k'$ 均代表谱线数且均为区间 $[1, 500]$ 上的整数。

**（iv）相似度计算和激发目标图标图片的控制指令**

计算去除伪迹后受既定的目标图标图片刺激时的脑电信号的时域特征 $Y_i$ 与相对应的图标图片的群组平均脑电信号的时域特征 $\overline{Y}_i$ 的时域相似度 $A$，再计算去除伪迹后受既定的目标图标图片刺激时的脑电信号的频域特征 $S_i$ 与相对应的图标图片的群组平均脑电信号的频域特征 $\overline{S}_i$ 的频域相似度 $B$，若时域相似度 $A$ 及频域相似度 $B$ 都大于90%，则激发既定目标图标图片的控制指令，实现图标诱发脑电信号对界面的控制，其中 $i$ 指第 $i$ 个图标图片。

图 7-8 是以放大镜图标为例，激发目标图标图片控制指令的过程示意图，图中 1 表示电极帽，2 表示 ERP 脑电设备，3 表示 SCAN 脑电信号处理模块，4 表示微处理器，5 表示计算脑电信号时域和频域特征的相似度，6 表示时域和频域相似度都大于 0.9 的情况，7 表示触发用户计算机"放大镜"命令，8 表示显示装置，9 表示目标图标图片"放大镜"命令的激活，实现页面的放大。

第 $i$ 个图标图片的既定的目标图标图片的脑电信号与相应图标图片群组平均脑电信号的时域相似度 $A$ 的计算过程如下：

$$A = \sum_{j=1}^{8} \frac{1}{8} A_{ij}, \quad A_{ij} = \begin{cases} \dfrac{\overline{Y}_{ij}}{Y_{ij}}, & \overline{Y}_{ij} < Y_{ij} \\[2mm] \dfrac{Y_{ij}}{\overline{Y}_{ij}}, & \overline{Y}_{ij} \geqslant Y_{ij} \end{cases} \tag{7-27}$$

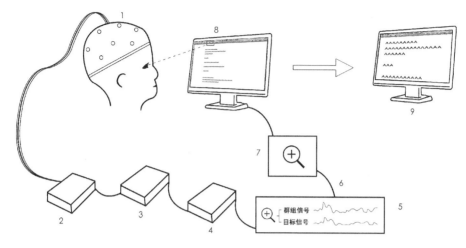

图 7-8　激发目标图标图片控制指令的示意图

式中：$A_{ij}$ 为第 $i$ 个图标图片的第 $j$ 个时域特征的相似度；$\overline{Y}_{ij}$ 为第 $i$ 个图标图片群组平均脑电信号的第 $j$ 个时域特征值；$Y_{ij}$ 为第 $i$ 个图标图片的既定的目标图标图片的脑电信号的第 $j$ 个时域特征值；$j$ 为区间 $[1,8]$ 上的整数。时域特征共有 8 个指标，每个指标的权重为 $\frac{1}{8}$。

频域相似度 $B$ 的计算过程如下：

$$B = \sum_{l=1}^{4} \frac{1}{4} B_{il}, \quad B_{il} = \begin{cases} \dfrac{\overline{S}_{il}}{S_{il}}, & \overline{S}_{il} < S_{il} \\[3mm] \dfrac{S_{il}}{\overline{S}_{il}}, & \overline{S}_{il} \geqslant S_{il} \end{cases} \tag{7-28}$$

式中：$B_{il}$ 为第 $i$ 个图标图片的第 $l$ 个频域特征的相似度；$\overline{S}_{il}$ 为第 $i$ 个图标图片群组平均脑电信号的第 $l$ 个频域特征值；$S_{il}$ 为第 $i$ 个图标图片的既定的目标图标图片的脑电信号的第 $l$ 个频域特征值，$l$ 为区间 $[1,4]$ 上的整数。频域特征共有 4 个指标，每个指标的权重为 $\frac{1}{4}$。

### 7.4.3　其他元素脑机交互的实现

上一节通过运用图标实现了对数字界面的脑电控制，未来可尝试运用导航栏的选择性注意机制、配色差异脑机制，实现其他元素对数字界面的脑机交互，可从以下 3 个方面出发来实现：

（ⅰ）脑电实验设计

脑机交互前期需进行脑电实验的设计，需按照脑电 ERP 实验标准和规范开展，在运用导航栏进行脑机交互时，可尝试运用串行失匹配范式完成，在运用颜色进行脑机交互时，可尝试运用 Go-Nogo 实验范式完成。

（ⅱ）脑电信号特征提取、分类和识别的算法

脑电信号特征包括时域和频域，时域和频域的提取、分类和识别需要通过算法来实现，

不同的数学算法将会产生不同的效果,其他元素的脑机交互,可尝试运用小波算法等其他数学方法。

**(ⅲ)相似度算法**

为实现脑电信号和目标指令信号的高匹配度,可尝试多种数学算法,以减小误差,提高准确度。

## 7.5　本章小结

本章首先介绍了脑机交互的具体概念,并分析了事件相关电位在脑机交互中的作用,同时提出了脑电评估方法在界面设计和评估、脑机交互中的应用;其次对局部评估方法在脑机交互中的具体应用进行了详细论述,并综合事件相关电位脑电实验思路,在融入信号特征提取和分类技术后,提出了图标控制的数字界面脑机交互方法,该实际应用研究为脑电实验在脑机交互领域的新尝试和探索;最后讨论了界面其他元素脑机交互方法的实现。

# 第8章 总结与展望

在分析国内外数字界面可用性评估理论及研究现状的基础上,通过运用界面认知理论分析、界面脑电实验研究、实例验证分析相结合的方法,围绕数字界面信息的用户认知机制,对数字界面的脑电生理定量评价方法和脑机交互方法展开了研究。

通过介绍事件相关电位技术基础、脑电数据分析过程、在数字界面中的应用、ERP脑电成分和实验范式,分析用户对数字界面图标、控件、色彩、布局、交互等视觉信息元素的认知规律,提出了针对数字界面元素评估的事件相关电位脑电实验范式,并展开对数字界面元素的脑电实验和应用研究。

基于事件相关电位技术,进行了图标记忆、导航栏视觉选择性注意、界面色彩评价的脑电实验研究,总结了数字界面元素的脑电评价指标和脑电阈值,提出了数字界面的整体和局部ERP评估方法。

运用专家主观知识评价法、层次-灰度-集对分析数学评价方法和眼动追踪方法等数字界面可用性传统评价方法,对脑电评估方法进行了实例验证,证实了脑电评估方法的有效性和可靠性。

最后根据数字界面脑电实验,融合脑机交互原理,提出了基于图标控制的数字界面脑机交互方法作为数字界面ERP脑机交互技术的应用研究,并探讨界面其他元素脑机交互方法的实现。

本书对数字界面的脑电评价方法和脑机交互进行了深入研究,取得了以下创新性成果:

(1) 从用户认知心理学角度出发,分析了数字界面视觉元素信息的用户认知规律,为数字界面的实验范式设计提供了重要理论基础。

(2) 基于数字界面视觉元素的认知规律,提出了数字界面元素脑电实验范式的设计,开展了对数字界面图标记忆、导航栏选择性注意和界面色彩评价的脑电实验研究,提出了图标控制的数字界面ERP脑机交互方法。

(3) 首次提出了数字界面的整体和局部脑电实验评价方法、数字界面元素的脑电评价指标和阈值。

(4) 运用专家主观知识评价法、层次-灰度-集对分析数学评价方法和眼动追踪方法等传统方法,对数字界面的脑电评价方法进行了实例验证,具有重要意义与价值。

未来仍有以下问题需进一步地研究和完善:

(1) 本研究提出的基于事件相关电位的数字界面评估是一个十分复杂和前沿的研究领域,还有很多有待深入、全面研究的内容,课题仅从ERP的角度分析了人脑的认知,还有功能性核磁共振成像技术、正电子发射断层扫描技术、单一正电子发射计算机断层扫描技术和脑磁图等技术有待进一步探索和应用,同时人的行为也极大地影响数字界面的认知和使用,也值得系统性深入研究。

（2）随着大数据时代的到来,大数据给数字界面信息结构带来了新的特征,信息呈现不规则性、模糊性,并表现出"时间空间复杂度""海量呈现"和"高维数据"等外在特性,如何对大数据环境下复杂信息分层、快速过滤并高效决策,使用户建立信息感知并进行高效信息交互,是大数据平台下数字界面信息可视化需研究的关键问题。针对大数据环境下数字界面信息可视化的脑电认知和评估问题,将成为下一步最重要和前瞻性的研究工作。

# 附　　录

## 附录1　数字界面图形框架的专家意见调研

尊敬的先生/女士：

您好！我们是×××,请您于百忙之中真实地填写此份问卷,您所填的每一个建议,都将是我们设计研究中重要的参考方向。同时我们会对您的调研结果严格保密,实验结果仅作为实例研究,不公开任何个人隐私。请您放心回答问卷。谢谢!

数字界面的10条评估准则:系统状态的可见性、系统与现实世界的匹配、用户控制和行动自由、一致性和标准、错误的预防、系统去识别而不是让用户记忆、灵活性和使用效率、简约设计美学、帮助和错误恢复、帮助文档。

**方案 A:**

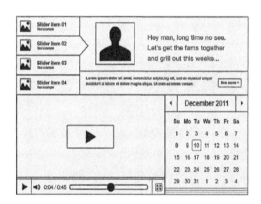

**方案 B:**

任务：根据以上 10 条评估准则，请逐条提出对方案 A 和方案 B 的建议和反馈，以及系统易出现的可用性问题和潜在问题，并针对各问题提出解决方法。

_____

_____

_____

_____

_____

_____

_____

_____

_____

_____

_____

_____

_____

十分感谢您耐心地完成以上问卷，以下问卷涉及部分隐私问题，您可以酌情填写，谢谢。

1. 请问您的性别？
   □男　　　　　　　　□女

2. 请问您的年龄段？
   □20 岁以下　　　　　　□20～30 岁　　　　　　□30～40 岁

3. 请问您的专业是？
   □与设计有关　　　　　□与设计无关

4. 请问您是否有使用数字界面和软件的经验，或者是否对其有所了解？
   □有　　　　　　□无

再次感谢您百忙之中抽出时间，参与我们的问卷调查，谢谢。

## 附录2 数字界面图形框架评估调研问卷

尊敬的先生/女士：

您好！我们是×××，请您于百忙之中真实地填写此份问卷，您所填的每一个答案，都将是我们设计研究中重要的参考方向。同时我们会对您的问卷结果严格保密，实验结果仅作为实例研究，不公开任何个人隐私。请您放心回答问卷。谢谢！

一、请在仔细观察两个数字界面图形样本后，根据自己的主观感受判断各样本对应不同感性语义的程度，请在您觉得符合的答案上打"√"。

例如：

方案A：

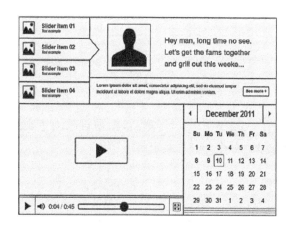

方案B：

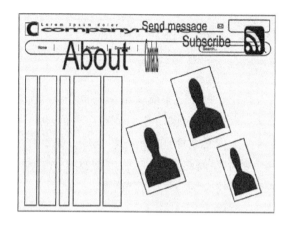

| 很简洁 | 较简洁 | 中常 | 较复杂 | 很复杂 |
|---|---|---|---|---|
| □ | □ | □ | □ | □ |

| 很硬朗 | 较硬朗 | 中常 | 较柔和 | 很柔和 |
|---|---|---|---|---|
| □ | □ | □ | □ | □ |

| 很精致 | 较精致 | 中常 | 较粗糙 | 很粗糙 |
|---|---|---|---|---|
| □ | □ | □ | □ | □ |

| 很现代 | 较现代 | 中常 | 较传统 | 很传统 |
|---|---|---|---|---|
| □ | □ | □ | □ | □ |

二、请在仔细观察两个数字界面图形样本后,根据自己的主观感受判断各样本对应不同感性语义的程度,请在您觉得符合的答案上打"√"。

例如:

| 很简洁 | 较简洁 | 中常 | 较复杂 | 很复杂 |
|---|---|---|---|---|
| √ | □ | □ | □ | □ |

**方案 A：**

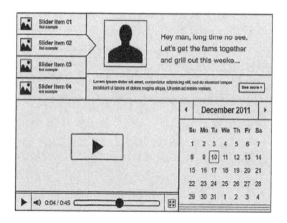

| | 明显符合 | 较为符合 | 根本不符合 |
|---|---|---|---|
| 界面功能分区逻辑性合理 | ☐ | ☐ | ☐ |
| 布局整体和谐均衡 | ☐ | ☐ | ☐ |
| 图标图形视觉美观 | ☐ | ☐ | ☐ |
| 菜单和导航的分类明确易懂 | ☐ | ☐ | ☐ |
| 菜单和导航的层次清晰合理 | ☐ | ☐ | ☐ |
| 标题和内容易区分 | ☐ | ☐ | ☐ |
| 文本的重点内容鲜明突出 | ☐ | ☐ | ☐ |
| 行间距感觉舒服 | ☐ | ☐ | ☐ |
| 文本整体上排列感觉和谐有序 | ☐ | ☐ | ☐ |

**方案 B：**

| | 明显符合 | 较为符合 | 根本不符合 |
|---|---|---|---|
| 界面功能分区逻辑性合理 | ☐ | ☐ | ☐ |
| 布局整体和谐均衡 | ☐ | ☐ | ☐ |
| 图标图形视觉美观 | ☐ | ☐ | ☐ |
| 菜单和导航的分类明确易懂 | ☐ | ☐ | ☐ |
| 菜单和导航的层次清晰合理 | ☐ | ☐ | ☐ |
| 标题和内容易区分 | ☐ | ☐ | ☐ |
| 文本的重点内容鲜明突出 | ☐ | ☐ | ☐ |
| 行间距感觉舒服 | ☐ | ☐ | ☐ |
| 文本整体上排列感觉和谐有序 | ☐ | ☐ | ☐ |

三、请针对方案 A 和方案 B 提出您的改进建议和意见。

_____

_____

_____

_____

_____

_____

_____

_____

_____

_____

_____

_____

_____

_____

_____

十分感谢您耐心地完成以上问卷,以下问卷涉及部分隐私问题,您可以酌情填写,谢谢。

1. 请问您的性别?

　　□男　　　　　　　□女

2. 请问您的年龄段?

　　□20 岁以下　　　　　□20～30 岁　　　　　□30～40 岁

3. 请问您的专业是?

　　□与设计有关　　　　　□与设计无关

4. 请问您是否有使用数字界面和软件的经验,或者是否对其有所了解?

　　□有　　　　　□无

再次感谢您百忙之中抽出时间,参与我们的问卷调查,谢谢。

# 参考文献

［1］Huang S M, Shieh K K, Chi C F. Factors affecting the design of computer icons[J]. International Journal of Industrial Ergonomics, 2002, 29(4): 211-218.

［2］周蕾,薛澄岐,汤文成,等.界面元素布局设计的美度评价方法[J].计算机辅助设计与图形学学报,2013,25(5): 758-766.

［3］李晶,薛澄岐,王海燕,等.均衡时间压力的人机界面信息编码[J].计算机辅助设计与图形学学报,2013,25(7): 1022-1028.

［4］李亮之.色彩工效学与人机界面色彩设计[J].人类工效学,2004,9(10): 54-57.

［5］Nin T, Bowman D A, North C, et al. Design and evaluation of freehand menu selection interfaces using tilt and pinch gestures[J]. International Journal of Human-Computer Studies, 2011, 69: 551-562.

［6］Gürkök H, Nijholt A, Poel M, et al. Evaluating a multi-player brain-computer interface game: Challenge versus co-experience［J］. Entertainment Computing, 2013, 4: 195-203.

［7］Anuar N, Kim J. A direct methodology to establish design requirements for human-system interface (HSI) of automatic systems in nuclear power plants[J]. Annals of Nuclear Energy, 2014, 63: 326-338.

［8］Knerr N, Selva D. Cityplot: Visualization of High-Dimensional Design Spaces With Multiple Criteria[J]. Journal of Mechanical Design, 2016, 138(9).

［9］Zhong W, Li Y, Li P, et al. Short-term trained lexical categories produce preattentive categorical perception of color: Evidence from ERPs［J］. Psychophysiology, 2015, 52(1): 98-106.

［10］吴晓莉,薛澄岐,王海燕,等.复杂系统人机交互界面的 E-C 映射模型[J].机械工程学报,2014,50(12): 206-212.

［11］Paiano R, Caione A, Guido A L, et al. Web Application Editor: A User-Experience Design Framework For Knowledge-Intensive Organizations［J］. Journal of Web Engineering, 2016, 15(5/6): 412-432.

［12］Peres S C, Mehta R K, Ritchey P. Assessing ergonomic risks of software: Development of the SEAT[J]. Applied Ergonomics, 2017, 59: 377-386.

［13］Castellano G, Cimino M G, Fanelli A M, et al. A multi-agent system for enabling collaborative situation awareness via position-based stigmergy and neuro-fuzzy learning[J]. Neurocomputing，2014，135：86-97.

［14］程时伟,孙守迁,柴春雷.自适应人机界面规则推理的粗糙集方法[J].计算机辅助设计与图形学学报,2008,20(12)：1623-1629.

［15］余昆.基于工效学的舰桥人机界面评价研究[D].哈尔滨:哈尔滨工程大学,2010.

［16］Lee H C，Seong P H. A computational model for evaluating the effects of attention，memory，and mental models on situation assessment of nuclear power plant operators [J]. Reliability Engineering and System Safety，2009，94：1796-1805.

［17］夏春艳.核电厂主控室人机界面评价方法研究[D].哈尔滨:哈尔滨工程大学,2010.

［18］金涛,薛澄岐,王海燕,等.一种复杂系统界面可用性定量评估方法的研究和应用[J].计算机工程与科学,2014.

［19］Richei A，HauPtmanns U，Unger H. The human error rate assessment and optimizing system HEROS—a new procedure for evaluating and optimizing the man-machine interface in PSA[J]. Reliability Engineering and System Safety，2001，72 (2)：153-164.

［20］郭北苑,方卫宁.基于模糊因素的车载显示屏人机工效评价[J].北京交通大学学报,2005，29(1)：81-85.

［21］Jou Y T，Yenn T C，Lin C J，et al. Evaluation of operators' mental workload of human-system interface automation in the advanced nuclear power plants [J]. Nuclear Engineering and Design，2009，239：2537-2542.

［22］颜声远,李庆芬,张志俭,等.基于灰色理论的人机界面主观评价方法[J].哈尔滨工程大学学报,2005，26(1)：98-101.

［23］王宗波.飞机航电系统界面可用性评估研究[D].南京:东南大学,2010.

［24］周蕾,薛澄岐,汤文成,等.产品信息界面的用户感性预测模型研究[J].计算机集成制造系统,2014，20(3)：544-554.

［25］陈刚,董金祥,吴刚.ZDUES:一个基于评价指标的人机界面评价系统[J].计算机研究与发展,1998,35(11)：975-980.

［26］周前祥,姜国华.基于模糊因素的载人航天器乘员舱内人-机界面工效学评价研究[J].模糊系统与数学,2002,16(1)：99-103.

［27］Siu K W M，Lam M S，Wong Y L. Children's choice：Color associations in children's safety sign design[J]. Applied ergonomics，2017，59：56-64.

［28］Ooms K，Andrienko G，Andrienko N. Analysing the spatial dimension of eye movement data using a visual analytic approach [J]. Expert Systems with Applications，2012，39：1324-1332.

［29］Ahlstrom C，Nyström M. Fit-for-duty test for estimation of drivers' sleepiness level：Eye movements improve the sleep/wake predictor[J]. Transportation Research Part C，2013，26：20-32.

［30］刘青,薛澄岐,Falk Hoehn.基于眼动跟踪技术的界面可用性评估[J].东南大学学报,

2010,40(2)：331-334.

[31] 王海燕,卞婷,薛澄岐.基于眼动跟踪的战斗机显示界面布局的实验评估[J].电子机械工程,2011,6：50-53.

[32] Ho H F. The effects of controlling visual attention to handbags for women in online shops：Evidence from eye movements[J]. Computers in Human Behavior, 2014, 30：146-152.

[33] Abibullaev B, An J, Jin S H, et al. Classification of brain hemodynamic signals arising from visual action observation tasks for brain-computer interfaces：A functional near-infrared spectroscopy study[J]. Measurement, 2014, 49：320-328.

[34] Sergei L S, Ilya P G, Alexander Y K. Event-related potentials in a moving matrix modification of the P300 brain-computer interface paradigm[J]. Neuroscience Letters, 2011, 496：95-99.

[35] Yeh Y Y, Lee D S, Ko Y H. Color combination and exposure time on legibility and EEG response of icon presented on visual display terminal[J]. Display, 2013, 34：33-38.

[36] 宫勇,杨颖,张三元,等.具体性对图标理解影响的事件相关电位研究[J].浙江大学学报,2013,47(6)：1000-1005.

[37] Schreudera M, Ricciob A, Risetti M. User-centered design in brain-computer interfaces—A case study[J]. Artificial Intelligence in Medicine, 2013, 59：71-80.

[38] Socha V, Schlenker J, Kal'Avksý P, et al. Effect of the change of flight, navigation and motor data visualization on psychophysiological state of pilots[C]// IEEE, International Symposium on Applied Machine Intelligence and Informatics. IEEE, 2015：339-344.

[39] Ikeda T, Matsuyoshi D, Sawamoto N, et al. Color harmony represented by activity in the medial orbitofrontal cortex and amygdala[J]. Frontiers in Human Neuroscience, 2015, 9：382.

[40] Grol M, Vingerhoets G, De R R. Mental imagery of positive and neutral memories：A fMRI study comparing field perspective imagery to observer perspective imagery[J]. Brain Cogn, 2017, 111：13-24.

[41] Kim J, Thomas P, Sankaranarayana R, et al. Understanding eye movements on mobile devices for better presentation of search results[J]. Journal of the Association for Information Science & Technology, 2016, 67(11)：2607-2619.

[42] Wei H Y, Zhuang D M, Wanyan X, et al. An experimental analysis of situation awareness for cockpit display interface evaluation based on flight simulation[J]. Chinese Journal of Aeronautics, 2013, 26(4)：884-889.

[43] 南建设,梁德文.信息感知——夺取战场信息优势的前提与先导[J].中国电子科学研究院学报,2013,03：221-226.

［44］ Pereira R，Lopes H，Breitman K，et al. Cloud based real-time collaborative filtering for item-item recommendations[J]. Computers in Industry，2014，65(2)：279-290.

［45］ Hermida J M，Melia S，Arias A. XANUI：A textual platform-independent model for Rich User Interfaces[J]. Journal of Web Engineering，2016，15(1-2)：45-83.

［46］ Morey J，Gammack J. Designing an interactive visualization to explore eye-movement data[J]. The Review of Socionetwork Strategies，2016，10(2)：73-89.

［47］ 王宁,余隋怀,肖琳臻,等.考虑用户视觉注意机制的人机交互界面设计[J].西安工业大学学报,2016,36(4)：334-339.

［48］ Lee J，Kim M，Jeon C，et al. A study on interaction of gaze pointer-based user interface in mobile virtual reality environment[J]. Symmetry，2017，9(9)：189.

［49］ Sanna A，Lamberti F，Paravati G，et al. A Kinect-based natural interface for quadrotor control［M］. Intelligent Technologies for Interactive Entertainment，Springer Berlin Heidelberg，2012：48-56.

［50］ Pavlovic V I，Sharma R，Huang T S. Visual interpretation of hand gestures for human-computer interaction：A review［J］. Pattern Analysis and Machine Intelligence，IEEE Transactions on，1997，19(7)：677-695.

［51］ Hong S，Setiawan N A，Lee C. Real-time vision based gesture recognition for human-robot interaction［C］. Knowledge-Based Intelligent Information and Engineering Systems. Springer Berlin Heidelberg，2007：493-500.

［52］ 于亮,庞志兵,李明明.武器装备人机界面设计的原则分析[C].第三届和谐人机环境联合学术会议(HHME),2007.

［53］ 王仁春,王石,戴金海.武器装备仿真系统可信度评估[J].计算机仿真,2009,26(1)：36-39.

［54］ Wasserman A I. Toward a discipline of software engineering[J]. IEEE software，1996，13(6)：23-31.

［55］ Shaw M，Garlan D. Software architecture：perspectives on an emerging discipline［M］. Englewood Cliffs：Prentice Hall，1996.

［56］ Shaw M. Prospects for an engineering discipline of software[J]. Software，IEEE，1990，7(6)：15-24.

［57］ Puerta A，Micheletti M，Mak A. The UI pilot：a model-based tool to guide early interface design[C]. Proceedings of the 10th international conference on Intelligent user interfaces，ACM，2005：215-222.

［58］ Olsen Jr D R，Klemmer S R. The future of user interface design tools[C]. CHI'05 Extended Abstracts on Human Factors in Computing Systems，ACM，2005：2134-2135.

［59］ 路璐,田丰,戴国忠,等.融合触、听、视觉的多通道认知和交互模型[J].计算机辅助设计与图形学学报,2014,26(4)：654-661.

［60］Hussain M S，Calvo R A，Chen F． Automatic cognitive load detection from face，physiology，task performance and fusion during affective interference［J］． Interacting with Computers，2014，26(3)：256-268．

［61］Pooresmaeili A，FitzGerald T H B，Bach D R，et al． Cross-modal effects of value on perceptual acuity and stimulus encoding［J］． Proceedings of the National Academy of Sciences，2014，111(42)：15244-15249．

［62］Glodek M，Schels M，Schwenker F，et al． Combination of sequential class distributions from multiple channels using Markov fusion networks［J］． Journal on Multimodal User Interfaces，2014，8(3)：257-272．

［63］吴嘉慧. 面向智能空间的多设备自然人机交互技术及原型装置研究［D］. 杭州：浙江大学，2011．

［64］Kent B A，Kakish Z M，Karnati N，et al． Adaptive synergy control of a dexterous artificial hand to rotate objects in multiple orientations via EMG facial recognition［C］． 2014 IEEE International Conference on Robotics & Automation （ICRA），2014，6719-6725．

［65］Yaici K，Kondoz A． A model-based approach for the generation of adaptive user interfaces on portable devices［C］． IEEE ISWCS，2008：164-167．

［66］Asteriadis S，Caridakis G，Malatesta L，et al． Natural interaction multimodal analysis：Expressivity analysis towards adaptive and personalized interfaces［C］． 7th International Workshop on Semantic and Social Media Adaptation and Personalization，2012：131-136．

［67］Mulfari D，Celesti A，Villari M，et al． Using virtualization and guacamole/VNC to provide adaptive user interfaces to disabled people in cloud Computing［C］． 2013 IEEE 10th International Conference on Ubiquitous Intelligence & Computing，2013：72-79．

［68］Parsons P，Sedig K． Adjustable properties of visual representations：Improving the quality of human - information interaction［J］． Journal of the Association for Information Science and Technology，2014，65(3)：455-482．

［69］Hyung Kim B，Kim M，Joevaluated S． Quadcopter flight control using a low-cost hybrid interface with EEG-based classification and eye tracking［J］． Computers in biology and medicine，2014．

［70］McMullen D，Hotson G，Katyal K，et al． Demonstration of a Semi-Autonomous Hybrid Brain-Machine Interface using Human Intracranial EEG，Eye Tracking，and Computer Vision to Control a Robotic Upper Limb Prosthetic［J］． IEEE Trans Neural Syst Rehabil Eng，2014,22(4)：784-796．

［71］LaFleur K，Cassady K，Doud A，et al． Quadcopter control in three-dimensional space using a noninvasive motor imagery-based brain-computer interface［J］． Journal of neural engineering，2013，10(4)：046003.

[72] Royer A S，Doud A J，Rose M L，et al. EEG control of a virtual helicopter in 3-dimensional space using intelligent control strategies[J]. Neural Systems and Rehabilitation Engineering，IEEE Transactions on，2010，18(6)：581-589.

[73] 赵仑. ERPs 实验教程[M]. 南京：东南大学出版社，2010.

[74] 魏景汉，罗跃嘉. 事件相关电位原理与技术[M]. 北京：科学出版社，2010.

[75] 牛亚峰，薛澄岐，王海燕，等. 复杂系统数字界面中认知负荷的脑机制研究[J]. 工业工程与管理，2012，17(6)：72-75.

[76] Steven J L. 事件相关电位基础[M]. 上海：华东师范大学出版社，2009.

[77] 廖宏勇. 数字界面设计[M]. 北京：北京师范大学出版社，2010.

[78] 索昕煜. 网络界面色彩设计研究[D]. 昆明：昆明理工大学，2005.

[79] 百度百科名片. 可用性工程[EB/OL]. http://baike. baidu. com/view/267630. htm.

[80] Nielsen J. Usability Engineering [M]. Boston：Acdemic press，1993.

[81] Nielsen J. 10 Usability Heuristics for User Interface Design[J]. Nielsen Norman Group，1995.

[82] Sperling G. The information available in brief visual presentation[J]. Psychological Monographs，1960，74：1-29.

[83] Miller G A. The magic number seven，plus or minus two：Some limits on our capacity for processing information[J]. Psychological Review，1956，63：81-93.

[84] 杨璇. 数字媒体界面设计[M]. 北京：中国水利水电出版社，2012.

[85] Susan Weinschenk. 设计师要懂心理学[M]. 北京：人民邮电出版社，2013.

[86] 江湘芸. 产品造型设计材料的感觉特性[J]. 北京理工大学学报，1999，19(2)：118-121.

[87] Steven Heim. 和谐界面——交互设计基础[M]. 北京：电子工业出版社，2008.

[88] Dix A，Finlay J，Abowd G，et al. Human Computer Interaction (2nd ed.)[M]. Upper Saddle River，NJ：Prentice Hall，1998.

[89] 颜声远. 人机界面设计与评价[M]. 北京：国防工业出版社，2013.

[90] Thorell L G，Smith W J. Using computer color effectively：An illustrated reference [M]. Upper Saddle River，NJ：Prentice Hall.

[91] 罗仕鉴，朱上上. 用户体验与产品创新设计[M]. 北京：机械工业出版社，2010.

[92] Rogers Y. Icons at the interface：their usefulness[J]. Interacting with Computers，1989，1(1)：105-117.

[93] Lin R. A study of visual features for icon design[J]. Design Studies，1994，15(2)：185-197.

[94] Lindberg T，Näsänen R，Müller K. How age affects the speed of perception of computer icons[J]. Displays，2006，27(4-5)：170-177.

[95] Chan A，MacLean K，McGrenere J. Designing haptic icons to support collaborative

turn-taking[J]. International Journal of Human-Computer Studies, 2008, 66(5):
333-355.

[96] Salman Y B, Cheng H I, Patterson P E. Icon and user interface design for emergency
medical information systems: A case study[J]. International Journal of Medical
Informatics, 2012, 81(1): 29-35.

[97] Posner M I. Orienting of attention[J]. Quart Experiment Psychol, 1980, 32: 3-25.

[98] Girelli M, Luck S J. Are the same attentional mechanism used to detect visual search
targets defined by color, orientation, and motion[J]. Cognitive Neuroscience, 1997,
9: 238-258.

[99] Kusak G, Grune K, Hagendorf H, et al. Updating of working memory in a running
memory task: an event-related potential study[J]. Intern Psychophysiology, 2000,
39: 51-65.

[100] Missonnier P, Deiber M P, Gold G, et al. Working memory load-related
electroencephalographic parameters can differentiate progressive from stable mild
cognitive impairment[J]. Neuroscience, 2007, 150(2): 346-356.

[101] Rader S K, Holmes J L, Golob E J. Auditory event-related potentials during a
spatial working memory task [J]. Clinical Neurophysiology, 2008, 119 (5):
1176-1189.

[102] Yi Y J, Friedman D. Event-related potential (ERP) measures reveal the timing of
memory selection processes and proactive interference resolution in working memory
[J]. Brain Research, 2011, 1411: 41-56.

[103] Krigolson O E, Heinekey H, Kent C M, et al. Cognitive load impacts error
evaluation within medial-frontal cortex[J]. Brain Research, 2012, 1430: 62-67.

[104] Isreal J B, Wickens C D, Donchin E. The Dynamics of P300 during Dual-Task
Performance[J]. Progress in Brain Research, 1980, 54: 416-421.

[105] Luck S J. Sources of dual-task interference: evidence from human electrophysiology
[J]. Psychological Science, 1998, 9: 223-227.

[106] Albert K. On the utility of P3 amplitude as a measure of processing capacity[J].
Psychophysiology, 2001, 38(3): 557-577.

[107] Polich J. Updating P300: an integrative theory of P300a and P300b[J]. Clinical
Neurophysiology, 2007, 118(10): 2128-2148.

[108] Luck S J, Hillyard S A. Electrophysiological correlates of feature analysis during
visual search[J]. Psychophysiology, 1994, 31: 291-308.

[109] Potts G F, Tucker D M. Frontal evaluation and posterior representation in target
detection[J]. Cognitive Brain Research, 2001, 11(1): 147-156.

[110] Zhao L, Li J. Visual mismatch negativity elicited by facial expressions under non-
attentional conditions[J]. Neuroscience Letters, 2006, 410: 126-131.

[111] Smith E E, Jonides J, Koeppe R A. Dissociation verbal and spatial working memory using PET[J]. Cerebral Cortex, 1996, 6: 11-20.

[112] Nelson C, Saults J S, Morey C C. Development of working memory for verbal-spatial associations[J]. Journal of Memory and Language, 2006, 55(2): 274-289.

[113] Unsworth N, Spillers G J. Working memory capacity: Attention control, secondary memory, or both? A direct test of the dual-component model[J]. Journal of Memory and Language, 2010, 62(4): 392-406.

[114] Pimperton H, Nation K. Suppressing irrelevant information from working memory: Evidence for domain-specific deficits in poor comprehenders[J]. Journal of Memory and Language, 2010, 62(4): 380-391.

[115] van der Ham I J, van Strien J W, Oleksiak A, et al. Temporal characteristics of workingmemory for spatial relations: An ERP study[J]. International Journal of Psychophysiology, 2010, 77(2): 83-94.

[116] Gomarus H K, Althaus M, Wijers A A, et al. The effects of memory load and stimulus relevance on the EEG during a visual selective memory search task: An ERP and ERD/ERS study[J]. Clinical Neurophysiology, 2006, 117(4): 871-884.

[117] Mnatsakanian E V, Tarkka I M. Familiar and nonfamiliar face-specific ERP components[J]. International Congress Series, 2005, 1278: 135-138.

[118] Shucard J L, Kilic A, Shiels K, et al. Research report stage and load effects on ERP topography during verbal and spatial working memory[J]. Brain Research, 2009, 1254: 49-62.

[119] Agam Y, Sekuler R. Interactions between working memory and visual perception: An ERP/EEG study[J]. NeuroImage, 2007, 36(3): 933-942.

[120] Kemp A H, Silberstein R B, Armstrong S M, et al. Gender differences in the cortical electrophysiological processing of visual emotional stimuli[J]. NeuroImage, 2004, 16: 632-646.

[121] Keil A, Bradley M M, Hauk O, et al. Large-scale neural correlates of affective picture-processing[J]. Psychophysiology, 2002, 39: 641-649.

[122] Schupp H T, Junghpfer M, Weike A I, et al. Emotional facilitation of sensory processing in the visual cortex[J]. Psychological Science, 2003, 14(1):7-13.

[123] Smith N K, Cacioppo J T, Larsen J T, et al. May I you're your attention, please: electro cortical responses to positive and negative stimuli[J]. Neuropsycho-logia, 2003, 41: 171-183.

[124] Hajcak G, Moser J S, Simons R F. Attending to affect: appraisal strategies modulate the electro cortical response to arousing pictures[J]. Emotion, 2006, 6: 517-522.

[125] Kutas M, Mccarthy G, Donchin E. Augmenting mental chronometry: P300 as a

measure of stimulus evaluation time[J]. Science, 1977, 197(4305): 792-795.

[126] Kutas M, Hillyard S A. Reading senseless sentences: brain potentials reflect semantic incongruity[J]. Science, 1980, 207(4427): 203-205.

[127] Biedermann I, Ju G. Surface versus edge-based determinants of visual recognition [J]. Cognitive Psychology, 1988, 20(1): 38-64.

[128] Folstein J, Petten C. Influence of cognitive control and mismatch on the N2 component of the ERP: A review[J]. Psychophysiology, 2008, 45: 152-170.

[129] Kiss M, Van Velzen J, Eimer M. The N2pc component and is links to attention shifts and spatially selective visual processing[J]. Psychophysiology, 2008, 45(2): 240-249.

[130] Bindemann M, Burton A M, leuthold H, et al. Brain potential correlates of face recognition: Geometric distortions and the N250r brain response to stimulus repetitions[J]. Psychophysiology, 2008, 45(4): 535-544.

[131] Wang Y, Cui L, Wang H, et al. The sequential processing of visual feature conjunction mismatches in the human brain[J]. Psychophysiology, 2004, 41: 21-29.

[132] Pulvermüller F, Shtyrov Y. Automatic processing of grammar in the human brain as revealed by the Mismatch Negativity[J]. Neuroimage, 2003, 20: 1020-1025.

[133] Kuperberg G R. Neural mechanisms of language comprehension: Challenges to syntax[J]. Brain Research (Special Issue), 2007, 1146: 23-49.

[134] Connolly J F, Phillips N A. Event-related potential components reflect phonological and semantic processing of the terminal word of spoken sentences[J]. Journal of Cognitive Neuroscience, 1994, 6: 256-266.

[135] Niu Yafeng, Xue chengqi, Li Xuesong, et al. Icon memory research under different time pressures and icon quantities based on event-related potential[J]. Journal of Southeast University(English Edition), 2014, 30(1): 45-50.

[136] 汪海波,薛澄岐.基于认知负荷的人机交互数字界面设计和评价研究[J].电子机械工程,2013,29(5): 57-60.

[137] Murch G M. Color Graphics-Blessing or Ballyhoo? Excerpt[M]. In Baecker R M, Grudin J, Buxton W A S, Greenberg S. (Eds.) Readings in Human-Computer Interaction: Toward the Year 2000, San Francisco, CA: Morgan Kaufmann, 1987.

[138] Driver J. The neuropsychology of spatial attention[M]. In Pashler H (Ed.). Attention. Hove, UK: Psychology Press, 1998.

[139] 王益文,林崇德,魏景汉,等. 短时存贮与复述动态分离的 ERP 证据[J]. 心理学报, 2004,36(6): 697-703.

[140] Smith E E, Jonides J. Working memory: A view from neuroimaging[J]. Cognitive Psychology, 1997, 33(1): 5-42.

［141］ Sakai K，Passininhan R E. Prefrontal selection and medial temporal lobe reactivation in retrieval of short-term verbal information[J]. Cerebr Cortex, 2004, 14: 914-921.

［142］ Nobre A C, McCarthy G. Language-related field potentials in the anterior-medial temporal lobe[J]. Journal of Neuroscience, 1995, 15(2): 1090-1098.

［143］周煜啸, 罗仕鉴, 陈根才. 基于设计符号学的图标设计[J]. 计算机辅助设计与图形学报, 2012, 24(10): 1319-1328.

［144］ Vogel E K, Machizawa M G. Neural activity predicts individual differences in visual working memory capacity[J]. Nature, 2004, 428: 748-751.

［145］ Simson R, Vaughan H G, Ritter W. The scalp topography of potentials in auditory and visual discrimination tasks [J]. Electroencephalography and Clinical Neurophysiology, 1977, 42: 528-535.

［146］王辉. 基于用户认知的数字界面综合评价方法研究[D]. 南京: 东南大学, 2011.

［147］邱东. 多指标综合评价方法的分析与研究[M]. 北京: 中国统计出版社, 1991.

［148］苏为华. 多指标综合评价理论与方法研究[M]. 北京: 中国物价出版社, 2001.

［149］金涛, 薛澄岐, 王海燕, 等. 基于改进后的主成分回归分析法的产品外观评估[J]. 东南大学学报: 自然科学版, 2011, 41(4): 739-743.

［150］杜栋, 庞庆华, 吴炎. 现代综合评价方法与案例精选[M]. 北京: 清华大学出版社, 2008.

［151］ Woldorff M, Hansen J C, Hillyard S A. Evidence for effects of selective attention to the midlatency range of human auditory event related potential [J]. Electroencephalogr. Clin. Neurophysiol. 1987, 40: 146-154.

［152］ Hillyard S A, Hink R F, Schwent V L, et al. Electrical signs of selective attention in human brain[J]. Science, 1973, 182 (4108): 177-180.

［153］ Joos K, Gilles A, Van de Heyning P, et al. From sensation to percept: The neural signature of auditory event-related potentials[J]. Neuroscience and biobehavioral reviews. 2014, 42: 148-156.

［154］ Luck S J, Girelli M. Electrophysiological approaches to the study of selective attention in the human brain[M]. In: Parasuraman R. The Attentive Brain, Cambridge: The MIT Press, 1998: 71-94.

［155］ Luck S J. An introduction to the event-related potential technique[M]. Cambridge: MIT, 2005.

［156］张燕. 战斗机驾舱人机界面设计中多通道交互研究[D]. 南京: 东南大学, 2010.

［157］金涛, 薛澄岐, 王海燕, 等. 数字界面图形态势感知的评测方法研究[J]. 工程设计学报, 2014, 21(1): 87-91.

［158］ Marshall P J, Bar-Haim Y, Fox N A. The development of P50 suppression in the auditory event-related potential [J]. International Journal of Psychophysiology,

2004，51(2)：135-141.

[159] 冯成志. 眼动人机交互[M]. 苏州：苏州大学出版社，2010.

[160] Wolpaw J R，Birbaumer N，Heetderks W J. Brain computer interface technology：a review of the first international meeting[J]. IEEE Trans. Rehab. Eng.，2000，8 (2)：164-173.

[161] Wolpaw J R，Birbaumer N，McFarland D J，et al. Brain-computer interfaces for communication and control[J]. Clin. Neurophysiol，2002，113：767-791.

[162] Edlinger G，Krausz G，Laundl F，et al. Architectures of laboratory-PC and mobile pocket PC brain-computer interface[C]. Proceedings of the 2nd International IEEE EMBS Conference on Neural Engineering，2005，120-123.

[163] 王慧娟，王亚娟，朱小虎. 基于脑机交互接口的心理评测系统[J]. 北华航天工业学院学报，2014，4：27-29.

[164] 王跃明，潘纲，吴朝晖. 脑机交互界面[J]. 中国标准化，2013(z1)：99-102.

[165] 刘丽，杨帮华，陆文宇，等. 基于 Java3D 的脑机交互应用系统设计[J]. 北京生物医学工程，2012，31(3)：221-224.

[166] 张小栋，李睿，李耀楠. 脑控技术的研究与展望[J]. 振动、测试与诊断，2014，34(2)：205-211.

[167] 岳敬伟，葛瑜，周宗潭，等. 脑机接口系统中的交互技术研究[J]. 计算机测量与控制，2008，16(8)：1180-1183.

[168] 朱誉环，明东，綦宏志，等. 多模式脑电控制的智能打字的实现方法：中国，200910069247.8[P]. 2009-06-12.

[169] 官金安，李梅，周到，等. 一种用脑电波控制的虚拟中英文通用键盘设计方案：中国，201110269595.7[P]. 2011-09-09.

[170] 刘鹏，候秉文，周广玉，等. 运动想象脑电信号特征的提取方法：中国，201210085013.4 [P]. 2012-08-01.

[171] 吴边，苏煜，张剑慧，等. 基于 P300 电位的新型 BCI 中文输入虚拟键盘系统[J]. 电子学报，2009，37(8)：1733-1738.

[172] 洪波，高上凯，高小榕，等. 视觉运动相关神经信号为载体的人机交互方法：中国，200910076207.6[P]. 2009-01-05.

[173] 李晓玲，洪军，姜颖，等. 多任务视觉认知中脑负荷测定的实验系统和方法：中国，201210006069.6[P]. 2012-01-10.